ソフトウェア技術の基礎

― ソフトウェアを理解する ―

田中 清 著

ムイスリ出版

まえがき

　いまや誰もがスマートフォンを利用して、インターネットを経由して提供されるさまざまなサービスを受けられる環境が整っています。例えば、友人や家族とのコミュニケーション、動画視聴やゲームといったエンターテインメント、ネット上の EC サイトでのショッピング、ニュースサイトやソーシャルメディアからの最新情報取得等、スマートフォンを情報端末として活用し、サービスを受けることによって便利な生活が送れるようになっています。また、パソコンやタブレットを用いた同様のサービスも一般的になっており、情報システムを用いたサービスは生活から切り離すことができないほどです。このようなサービスを提供するシステムは、高速、高機能なハードウェアだけで構成されているわけではありません。サービスを実現するのはソフトウェアです。これまでコンピュータの普及にともなって高度なソフトウェア開発が行われてきました。ソフトウェアはさまざまな技術の集合体として構成されており、ソフトウェア技術の発展も目を見張るものがあります。

　本書は、ソフトウェアに関する技術を広く理解することを目的として、概要や歴史的な背景、技術のポイント等をわかりやすく解説することを目指しました。また、本書中で基本情報技術者試験の過去の出題を含む例題と解答の解説を確認することで、ソフトウェアに関する理解を深めることができるようにしています。ソフトウェア技術に関する入門書として読んで頂くと幸いです。本書は、大妻女子大学社会情報学部で開講している「ソフトウェア概論」のカリキュラムを用いて構成しています。授業の教科書として活用ください。

2023 年 8 月

田中　清

目 次

1. コンピュータにおけるソフトウェア

1.1 コンピュータの構成

　現在のコンピュータは、高度な計算処理をするための機械という側面だけでなく、さまざまなサービスを受けるための道具としての側面があります。コンピュータを構成するのは、装置や部品である**ハードウェア**だけでなく、コンピュータを動かすための**ソフトウェア**も重要な構成要素です。図 1-1 に示すようにソフトウェアがハードウェアに命令を送り、ハードウェアからの応答をソフトウェアが受け取って処理が進みます。コンピュータはソフトウェアがなければ「ただの箱」と言われるようにソフトウェアの役割が大きくなっています。特にさまざまなサービスを実現しているのはソフトウェアであり、近年、ソフトウェアの重要性が増しています。

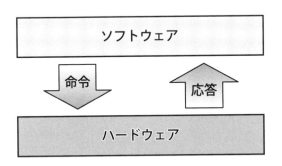

図 1-1　コンピュータの構成

　コンピュータはもともと計算の道具として進化してきましたが、ソフトウェアが使われ始めたのはいつからでしょうか？　表 1-1 はコンピュータの歴史のうち初期のソフトウェアに関する系譜を示したものです[1]。

表1-1　初期のソフトウェア

年	コンピュータの種類	開発者	特徴
1801	ジャカード織機 (Jacquard Machine)	ジョゼフ・ジャカール (J.M.Jacquad)	織機で、穴の位置で模様を織り込むためのパンチカードを自動化した。パンチカードにあらかじめ織りたい模様を記憶させる意味でプログラムの原型。
1834	解析機関 (Analytical Engine)	チャールズ・バベッジ (C.Babbage)	計算規則とデータをパンチカードで与え (プログラム内蔵方式)、それを記憶し (記憶装置)、自動的に計算を実行する (処理装置) という世界初の自動計算機の原型を構想。
1887	電動会計機 (Tabulating Machine)	ハーマン・ホレリス (H.Hollerith)	パンチカードを使ったリレー式PCS(Punch Card System) 電動会計機。1890 年のアメリカ国勢調査に使用され、それまで 7 年かかった統計処理を 3 年以下にした。
1936	チューリングマシン (Turing Machine)	アラン・チューリング (A.M.Turing)	論文 "On Computable Numbers, with an Application to the Entscheidungsproblem" でソフトウェアの基礎理論を発表。
1939	ABC (Atanasoff-Berry Computer)	ジョン・アタナソフ (J.V.Atanasoff) クリフォード・ベリー (C.E.Berry) (アメリカ・アイオワ州立大学)	真空管で実装した 2 進法を用いた世界最初のデジタル電子計算機。連立一次方程式を解くことができた。
1946	ENIAC (Electronic Numerical Integrator and Computer)	ジョン・エッカート (J.P.Eckert) ジョン・モークリー (J.W.Mauchly) (アメリカ・ペンシルベニア大学)	10 進法を採用した真空管を用いた最初の電子計算機。パッチパネルで結線を変更して複雑なプログラムを組むことができた。
1946	EDSAC (Electric Delay Storage Automatic Computer)	モーリス・ウィルクス (M.V.Wilkes) (イギリス・ケンブリッジ大学)	計算のための一連の動作手順をあらかじめ作成しておいて、コンピュータの記憶装置に格納しておくプログラム内蔵方式を採用 (最初のノイマン型コンピュータ)。
1949	EDVAC (Electric Discrete Variable Automatic Computer)	ジョン・エッカート (J.P.Eckert) ジョン・モークリー (J.W.Mauchly) ジョン・フォン・ノイマン (J.V.Neuman)	2 進法を用いるプログラム内蔵方式のノイマン型コンピュータ。ENIAC 構築中に考案されたアーキテクチャを採用。

　ソフトウェアはコンピュータを動かす**プログラム**のことです。計算機を使って複雑な計算を自動的に実行するために、ソフトウェアが使われるようになりました。ソフトウェアを記述する道具の原型になったのが**パンチカード**です。1801 年に発明された**ジャカード織機**（Jacquard Machine）は製作する布の模様を、パンチカードを用いて自動的に織り込むことができ、これがプログラムの原型と言われています。1833 年に構想された**解析機関**（Analytical Engine）でパンチカードはプログラムを入力するための手段として用いられました[2]。

　また、1887 年に発明された**電動会計機**（Tabulating Machine）は 1890 年のアメリカ国勢調査で採用され、パンチカードでのデータ入力によってそれまで 7 年間かかっていた調査を 3 年以下で完了しました[3]。

　一方、1936 年に**チューリング**が発表した論文「On Computable Numbers, with an Application to the Entscheidungsproblem」[4]では、抽象機械である**チューリングマシン**を用いてソフトウェアの基礎理論が示されました。1939 年に開発された世界最初のデジタル電子計算機である **ABC**（Atanasoff-Berry Computer）は連立一次方程式を解くことができましたが、その入力はパンチカードで行われました。そして、1946 年に開発された **ENIAC**（エニアック：Electronic Numerical Integrator and Computer）では複雑なプログラムを組むことができましたが、パッチパネルで結線を変更しなくてはならず、実行するのに数日もかかりました。

　プログラムを主記憶であるメモリに読み込んで実行するプログラム内蔵方式の電子計算機として **EDVAC**（エドバック：Electric Discrete Variable Automatic Computer）が 1949 年に開発されました。また EDVAC の設計に触発されて 1946 年に開発された **EDSAC**（エドサック：Electric Delay Storage Automatic Computer）もプログラム内蔵方式を採用していました。プログラム内蔵方式のコンピュータは**ノイマン型コンピュータ**とよばれ、現在のコンピュータもこの方式を採用しています。

1.2 ソフトウェアの役割

　コンピュータでのソフトウェアの役割は、コンピュータのハードウェアを動かし、さまざまなサービスを提供することです。現在の世の中には、コンピュータが内蔵された機器がたくさんあります。例えば、テレビは放送映像を表示するだけでなく、DVD プレーヤやゲーム機器などと接続してそれらに適した画質の映像を表示したり、制御信号を送受信して連動動作したりすることができます。また d ボタンを押すことで毎朝のじゃんけんに参加できたり、スマートテレビとよばれているテレビはパソコンと同様にネット配信されている動画サービスを受信して表示することができ、さらにハイブリッドキャスト（Hybridcast）に対応したテレビでは放送とネットが連動したサービスを受けることができます[5]。別の例として、電子レンジには食材にあった温め方ができる機能があったり、炊飯器にはお米の種類や食べる人の好みに合った炊き方ができる機能が付いていたりします。これらの機能を司るのは機器を制御しているソフトウェアです。ソフトウェアは計算をするために用いられるだけでなく、さまざまなハードウェアの制御にも用いられています。

問題 1-1

　コンピュータが内蔵されている機器にはどのようなものがあるか？
　またその機器におけるソフトウェアの役割は何か？について述べよ。

　一方でソフトウェアの高度化も進んでおり、さまざまな機器を自動で動作させるために、機器内の情報だけでなく機器の周辺の状況や関連する別の機器とコミュニケーションすることによって外界の状態を把握し、適切に判断するプログラムが作成されています。このようなソフトウェアは**人工知能**（**AI**：Artificial Intelligence）や **IoT**（Internet of Things）といった技術に関連するものです。

　人工知能は、ASCII.jp デジタル用語辞典[6]によると「言語の理解や推論、問

題解決などの知的行動を人間に代わってコンピューターに行わせる技術」、JIS X 0001[7] によると「計算機科学の一分野であって、推論、学習、自己改善など、通常、人間的な知能に関する機能を遂行するデータ処理システムの開発を目的とするもの」とされています。一方、IoT は「モノのインターネット」ともよばれ、さまざまセンサや機器がインターネットに接続されて、それらから得られる情報を取得して、自動制御を実現する技術です。このような技術をソフトウェアで実装する（実際に作成する）ことによって、さまざまな機器が自動的に動作し、我々の生活を豊かにしてくれています。

2. データの形式

2.1 データの取り扱い

　データとは情報を表現したもので、コンピュータ内部では一般にデータを **2進数**で表現して用います。ソフトウェアもコンピュータの中では**データ**として取り扱われています。データはひとかたまりとなったファイルとして保管されます。

　2進数は 0 と 1 の 2 つの記号のみで表現した数字のことで、この表記法を **2進法**とよびます。2進法は基数が 2 の位取り記数法です[8]。図 2-1 に示すように 10 個の記号で表現する **10進法**では桁が上がると値が 10 倍になるのに対して、2進法では 2 つの記号を用いているので桁が上がると値が 2 倍になります。

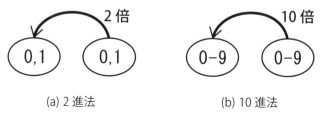

(a) 2進法　　　　　　　(b) 10進法

図 2-1　2進法と 10 進法の桁上がり

　10進数から 2 進数への変換、2進数から 10 進数への変換は基数を変えるので**基数変換**とよばれています。10進数から 2 進数へ変換するには、変換したい値を 2 で割って余りを求めていくことで実行できます。例えば、10進数の 5 を基数変換すると図 2-2 のように、2進数では 101 となります。

　また、2進数から 10 進数の変換は図 2-3 に示すように桁ごとの値を足し算することで求められます。2進数の 101 は $2^2=4$ の位の 1 と $2^0=1$ の位の 1 を

足して 10 進数では 5 となります。

```
2 )   5
2 )   2          余り 1
2 )   1          余り 0
      0          余り 1
```

余りが出た順に右から並べて 101

図 2-2　10 進数から 2 進数への基数変換

$$1 \qquad 0 \qquad 1$$
$$\times 2^2 \qquad \times 2^1 \qquad \times 2^0$$
$$(= 4) \qquad (= 2) \qquad (= 1)$$

足し算をすれば、10 進法に変換できる

$$1 \times 2^2 + 0 \times 2^1 + 1 \times 2^0 = 5$$

図 2-3　2 進数から 10 進数への基数変換

　コンピュータ内部では、2 進数の 1 桁分を**ビット**（bit）といい、データは
ビット列で表現されます。また 8 桁分を**バイト**（Byte）とよび、8 ビット＝ 1
バイトの関係が成り立ちます（図 2-4）。

図 2-4　ビットとバイト

　例えば、通信速度では 100Mbps（Mega bits per second）、1Gbps（Giga bits per
second）、メモリやハードディスクなどの記憶媒体の容量として 256GB（Giga

Bytes）や 8TB（Tera Bytes）などの表記をよく見かけます。このようにビットは小文字の b、バイトは大文字の B を用いて表記されます。また大きなデータを取り扱う場合は、k、M、G、T といった補助単位が用いられますが、一般に**国際単位系**（SI）を用いて、以下のような 1,000 倍の関係があります。

k (kilo)　　:　1kb　=　1,000b

M (Mega)　:　1Mb　=　1,000kb

G (Giga)　 :　1Gb　=　1,000Mb

T (Tera)　 :　1Tb　=　1,000Gb

P (Peta)　 :　1Pb　=　1,000Tb

　記憶媒体の容量表記では、1,000 に近い 1,024（＝ 2^{10}）がよく用いられます。k の代わりに K もしくは Ki、M の代わりに Mi、G の代わりに Gi を用いることで、混同を避けられます[9]。

K, Ki (Kibi)　:　1KB　=　1KiB　=　1,024B

Mi (Mebi)　 :　1MiB　=　1,024 KB

Gi (Gibi)　　:　1GiB　=　1,024 MiB

Ti (Tebi)　　:　1TiB　=　1,024GiB

Pi (Pebi)　　:　1PiB　=　1,024TiB

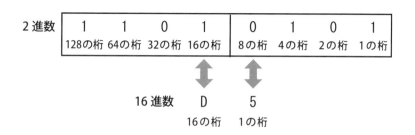

図 2-5　2 進数と 16 進数の関係

　ソフトウェア上でのデータの表記には **16 進数**を用いることがあります。16 進数は 0〜9 までの数字と A〜F のアルファベットを記号として用いる 16 進法の数値の表現で、16 を基数としています。16 進数と 2 進数は親和性が高く、図 2-5 のように 2 進数の 4 桁が 16 進数の 1 桁に対応します。16 進数の表記には頭に 0x を付け、例えば 0xD5 のように表すと 16 進数であることが明示的になります。

2.2　整数の表現

2.2.1　ビットによる表現

　コンピュータ内部では正の整数（非負の整数）は、2 進数表現した数値としてそのまま扱われます。ただし、1 つの数値を表現するために 1 バイト（8 ビット）分や 2 バイト（16 ビット）分のデータが用いられ、図 2-6 に示すように使っていない上位ビット部は 0 でパディングされます（0 で埋められます）。このデータ形式を**整数型**といいます。1 バイトの場合は 0〜255（＝ 2^8 −1）、2 バイトの場合は 0〜65535（＝ 2^{16}−1）が表現できます。また、4 バイト（32 ビット）や 8 バイト（64 ビット）の形式のデータも用いられています。

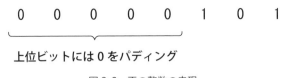

上位ビットには 0 をパディング

図 2-6　正の整数の表現

問題 2-1

　以下の 10 進数の整数を 8 ビットの 2 進数と 16 進数で表現せよ。

　　(1) 64

　　(2) 141

2.2.2　符号付きの整数

　負の整数を含む符号付きの整数を表現するには、最上位ビットを正負の符号に用いる**符号ビット方式**や **2 の補数表現方式**が用いられます。1 バイトの符号ビット方式では-127（$=-2^7-1$）〜 127（$=2^7-1$）、2 の補数表現方式では-128（$=-2^7$）〜 127（$=2^7-1$）が表現できます。なお、データ形式としては**符号付き整数型**とよばれます。また区別するために、符号を含まない整数型を**符号なし整数型**と明示的に示すこともあります。

　符号ビット方式では、符号ビットとよばれる最上位ビット以外はその数の絶対値で表現されます。例えば-5 は、図 2-7(a)のように 5 を表現した00000101 の最上位ビットを、正を表す 0 から負を表す 1 に変えて 10000101と表現できます。

　2 の補数表現方式は足すと桁上がりする最小の数で表現する方式です。例えば、8 ビットの 2 進数の 00000101 の 2 の補数は図 2-7(b)のように 11111011と表すことができます。コンピュータでは、2 の補数表現方式の方がよく用いられます。

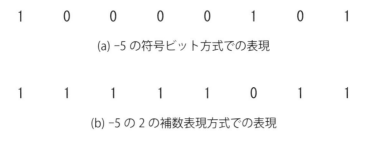

(a) –5 の符号ビット方式での表現

(b) –5 の 2 の補数表現方式での表現

図 2-7　負の整数の表現

　2 の補数はビットごとに数値を演算するビット演算によって簡単に求める
ことができます。ビットごとに 0 を 1 に、1 を 0 に変える操作を反転とよび
ます。2 の補数を求めるには、以下の 2 通りのいずれかのビット演算を行う
のが簡単です。

1. すべてのビットを反転させて 1 を加える
2. 一番右にある 1 のビットよりも上位のビットを反転させる

問題 2-2

以下の 10 進数の整数を 8 ビットの 2 進数で表現せよ。ただし、2 の
補数表現方式を用いることとする。
(1) -8
(2) -127

　コンピュータの内部ではデータ形式（データ型）の定義が重要です。例え
ば、-5 を 2 の補数表現した 11111011 は、符号なしの正の整数として見ると
250 を表しています。つまり同じビット列でも型が異なると違う値を示しま
す[10]。この問題はこのデータが符号付き数値の型か符号なし数値（unsigned）
の型かをあらかじめ定義しておくことで回避されます。

2.2.3　ビット演算

　2 進数で表されたデータは、ビットごとに演算するビット演算を行うこと
ができます。

（1）論理演算
　論理演算は各ビットの 0 を False、1 を True とした論理式で、論理演算子
を用いて実行します。基本的な論理演算として論理和（OR 演算）、論理積（AND
演算）、否定（NOT 演算）があります。また、排他的論理和（XOR 演算）も

よく用いられます。計算例を以下に示します。

論理和（OR 演算）

$0 \lor 0 = 0$ 　　　$0 \lor 1 = 1$ 　　　$1 \lor 0 = 1$ 　　　$1 \lor 1 = 1$

論理積（AND 演算）

$0 \land 0 = 0$ 　　　$0 \land 1 = 0$ 　　　$1 \land 0 = 0$ 　　　$1 \land 1 = 1$

否定（NOT 演算）

$\lnot 0 = 1$ 　　　$\lnot 1 = 0$

排他的論理和（XOR 演算）

$0 \oplus 0 = 0$ 　　　$0 \oplus 1 = 1$ 　　　$1 \oplus 0 = 1$ 　　　$1 \oplus 1 = 0$

問題 2-3

以下の 2 進数の論理演算を実行して結果を求めよ。

(1) 01011011 $\lor$ 11110000

(2) 01011011 $\land$ 11110000

（2）シフト演算

　2 進数の桁上がりで 2 倍になることを利用し、ビットを左右にずらすことで 2 倍したり 1/2 倍にしたりする演算が可能です。この演算を**シフト演算**とよびます。符号なし数値では、すべてのビットを左に n ビットずらすと 2^n 倍になり、逆に右に n ビットずらすと $1/2^n$ 倍になります。空いたビットには 0 を入れます。例えば、図 2-8 のように 00000101（= 5）を左に 2 ビットずらすと 00010100（= 20）が求まります。さらに右に 2 ビットずらすと元の 00000101（= 5）が求まります。このシフト演算は**論理シフト演算**とよばれます。

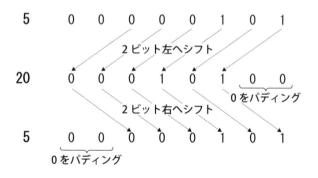

図 2-8　論理シフト演算

　一方、符号付き整数で負の数の場合、最上位ビットが負の符号を示しているので、すべてのビットをずらしてしまうと計算がおかしくなります。そこで符号ビットの最上位ビットをそのままにして、それ以外をシフトすることで計算することができます。この計算方法を**算術シフト演算**とよびます。例えば図 2-9 のように算術シフト演算で、2 の補数表現した 11111011（＝－5）を左へ 2 ビットずらして 11101100（＝－20）が求まり、右へ 2 ビットずらすと 1/4 の値の 11111011（＝－5）が求まります。なおシフト演算を行う場合、ビット長を超えてビットを動かすと**オーバーフロー**が発生して、正しい結果が得られないことに注意しましょう。

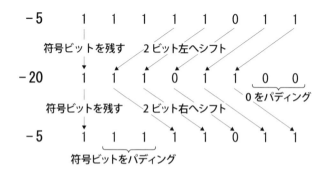

図 2-9　算術シフト演算

シフト演算で 2^n 倍を求めることは簡単にできることがわかりました。それでは 2^n ではない掛け算を実行するのはどうしたらよいでしょうか。整数は 2 のべき乗 (2^n) の足し算に分解できるので、この性質を利用します。つまり、分解した 2 のべき乗の数との掛け算の結果の和を求めることで、元の掛け算が実行できます。例えば 5×6 の計算を考えると、6 は 2^1 ($= 2$) と 2^2 ($= 4$) の和で表せるので、図 2-10 のようにシフト演算で 5×2^1 と 5×2^2 を計算しその和で計算結果を求めることができます。

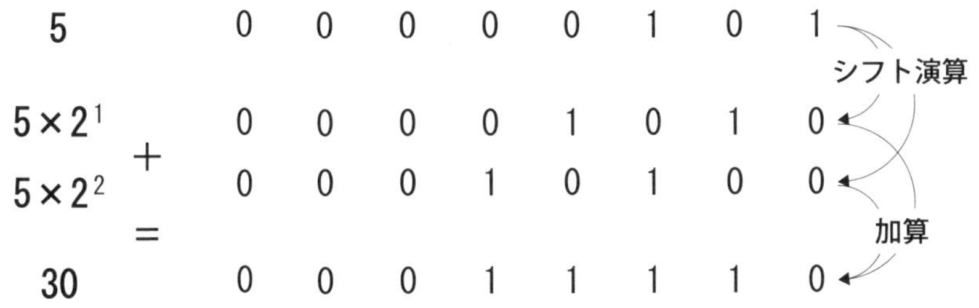

5		0	0	0	0	0	1	0	1
5×2^1	+	0	0	0	0	1	0	1	0
5×2^2	=	0	0	0	1	0	1	0	0
30		0	0	0	1	1	1	1	0

シフト演算
加算

図 2-10　シフト演算の応用

なお、掛ける数の 2 のべき乗への分解は 2 進数への基数変換で実行できることを考えると、実はこの計算は 2 進数と 2 進数の桁ごとの掛け算をしていることがわかります。

問題 2-4

算術シフト演算を用いて、以下の計算を 8 ビットの 2 進数で実行せよ。

(1) $-92 \div 4$

(2) -13×6

2.3 実数の表現

2.3.1 2進数の小数

　2進数の小数は10進数と同様に、小数点以下の桁に応じて順に1/2倍の値で表現されます。例えば図2-11のように、2進数の10.01は10進数では2.25を示します。

$$1 \times 2^1 + 0 \times 2^0 + 0 \times 2^{-1} + 1 \times 2^{-2} = 2.25$$

図2-11　2進数の小数

　小数でも基数変換することが可能です。2進数から10進数への変換は図2-11のように整数の場合と同様に計算ができます。10進数から2進数への変換は図2-12のように10進数の小数点以下の数字を2倍して1の位の値を順に求めて並べることで表現できます。

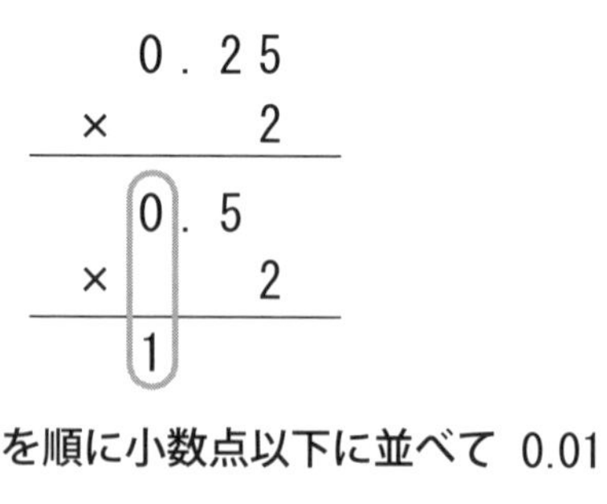

1の位を順に小数点以下に並べて　0.01

図2-12　10進小数から2進数への基数変換

　ここで、10進小数は必ずしも2進数で正しく表現できないことに注意します。例えば、10進数の0.2を2進数で表現しようとすると図2-13のように繰り返し同じ数字で計算することなり、途中で打ち切らざるを得ません。このように繰り返し同じパターンが出てくる小数は**循環小数**とよばれますが、小数点以下が無限に続く無限小数の1つです。無限小数をコンピュータで扱うことはできませんので、表現できる桁数で計算を打ち切り、短い桁の小数に丸められた近似値を用いて取り扱います。なお、近似値で先頭から続く0を除いた数字を**有効数字**、その桁数を**有効桁数**とよびます。近似値は真の値と異なり、**誤差**を含みます。

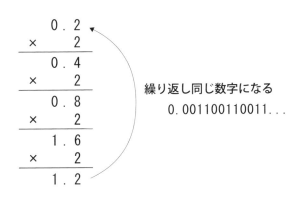

図2-13　循環小数

2.3.2　固定小数点数と浮動小数点数

　コンピュータで小数を表現する方法として**固定小数点数**と**浮動小数点数**の2通りがあります。データ型としては固定小数点型と浮動小数点型に分類され、浮動小数点数の方が多く用いられています。

　固定小数点数はビット列の上位ビットで整数部の値、下位ビットで小数点以下の小数部の値を表現します。小数点の位置はあらかじめ設計段階で任意に決めることができます。例えば、2進数の0.1011を整数部3ビット、小数

部 5 ビットの 8 ビット固定小数点数で表現すると、00010110 となります。ビット表現なので、小数点を明示的に表現しません。

問題 2-5

以下の 10 進数を 2 進数に変換し、固定小数点数として整数部 4 桁小数部 4 桁の 8 ビットで表現せよ。

(1) 8.375

(2) 0.2

浮動小数点数は、1.10×2^{-3} という形式で表現した小数をビット列で表します。ここで、一般に N 進数の有限小数 x は図 2-14 のように表現できます。浮動小数点数では符号部 s、仮数部 M、指数部 E をビット列で表します。

$$X = (-1)^S \times M \times N^E$$

s : 符号部
M : 仮数部(小数部) / 有限小数
E : 指数部 / 整数
N : 基数

図 2-14　浮動小数点数

浮動小数点数の仕様である国際標準の IEEE754[11] では、基本形式として 32/64/128 ビットで表現する 3 種類 (単精度/倍精度/四倍精度) の 2 進浮動小数点形式と 64/128 ビットで表現する 2 種類 (倍精度/四倍精度) の 10 進浮動小数点形式が規定されています。

32 ビット単精度 2 進浮動小数点数では小数を 32 ビットで表現します。符号部に 1 ビット、指数部に 8 ビット、仮数部に 23 ビットを上位ビットから順に与えます。ここで、指数部が取れる値は −126 から 127 の範囲で、127 (= $2^7 - 1$) を加えて 1 から 254 の値で表現します。仮数部は一般に整数 1 桁と小数点以下の数字で構成されますが、2 進数の場合、整数部は必ず 1 になる

ので、小数点以下の値だけで表現し、余ったビットは 0 でパディングします。例えば、1.10×2^{-3} を 32 ビット単精度 2 進浮動小数点数で表すと、図 2-15 のようになります。

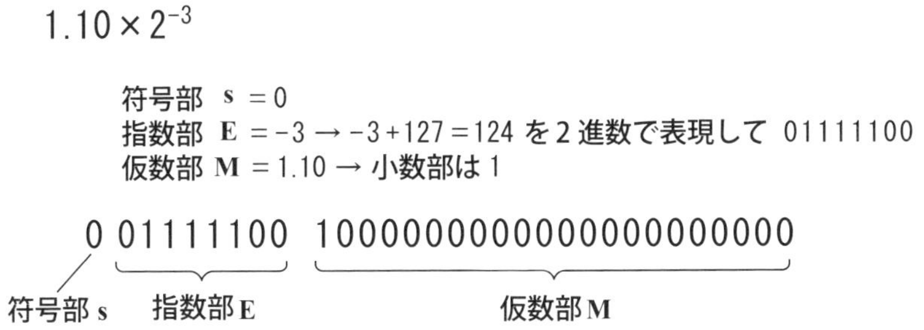

$$1.10 \times 2^{-3}$$

符号部　$s = 0$
指数部　$E = -3 \rightarrow -3 + 127 = 124$ を 2 進数で表現して　01111100
仮数部　$M = 1.10 \rightarrow$ 小数部は 1

0 01111100 10000000000000000000000

符号部 s　　指数部 E　　　　　　　仮数部 M

図 2-15　32 ビット単精度浮動小数点数の例

問題 2-6

　−30.5 を 32 ビット単精度 2 進浮動小数点数で表せ。

　なお、複素数は浮動小数点数を 2 つ用いて表現され、複素数型として扱われます。

2.4　文字の表現

2.4.1　文字の符号化

　コンピュータ内ではすべてのデータを 2 進数のビット列で取り扱います。文字はそれぞれを記号としてビットパターンに割り当てます。ここで、割り当てたビットパターンを符号（コード）といい、符号に割り当てることを符号化（コード化）といいます。文字コードは文字に割り当てた符号の集合で、符号化文字集合とよばれる文字の表現形式です。データ形式としては文字型に分類されます。

2.4.2　文字コード

　よく用いられる文字コードを以下に示します。

（1）ASCII コード

　ASCII（アスキー：American Standard Code for Information Interchange）コードは、7 ビットで 1 文字を表現する文字コードです。図 2-16 のように図形文字であるアルファベットと数字、記号（0x21～0x7E）に加えて、制御文字（0x00～0x1F、 0x7F）や空白（0x20）を表現します。エラー検出に用いる 1 ビットのパリティを追加して 8 ビットで使用されます。現在、他に用いられている文字コードの多くは、ASCII コードを基本として ASCII コードで割り当てられていない 0x80 以降に他の文字を割り当てて拡張した文字コードになっています。

下位4ビット

	0	1	2	3	4	5	6	7	8	9	A	B	C	D	E	F
0	NUL	SOH	STX	ETX	EOT	ENG	ACK	BEL	BS	HT	LF	VT	FF	CR	SO	SI
1	DLE	DC1	DC2	DC3	DC4	NAK	SYN	ETB	CAN	EM	SUB	ESC	FS	GS	RS	US
2	SP	!	"	#	$	%	&	'	(	)	*	+	,	-	.	/
3	0	1	2	3	4	5	6	7	8	9	:	;	<	=	>	?
4	@	A	B	C	D	E	F	G	H	I	J	K	L	M	N	O
5	P	Q	R	S	T	U	V	W	X	Y	Z	[	\	]	^	_
6	`	a	b	c	d	e	f	g	h	i	j	k	l	m	n	o
7	p	q	r	s	t	u	v	w	x	y	z	{			}	~	DEL

上位3ビット

図 2-16　ASCII コード表

（2）EBCDIC コード

　EBCDIC（エビシディック：Extended Binary Coded Decimal Interchange Code）コードは、IBM が作成した 8 ビットコードです。IBM メインフレーム機など汎用コンピュータで多く使用されています。ASCII コードとは異なる体系を有する文字コードです。

（3）JIS X 0201、JIS X 208、シフト JIS

日本産業規格（JIS：Japanese Industrial Standards）として規格が定められている文字コードです。

JIS X 0201 は 8 ビットコードで ASCII コードの図形文字に加えてカタカナ（半角カナ）も割り当てられています。また ASCII コードの図形文字との違いとして、0x5C は「\」（バックスラッシュ）の代わりに「¥」（円記号）、0x7E は「˜」（チルダ）の代わりに「￣」（オーバーライン）が割り当てられています。

JIS X 0208 は 2 バイトを用いて漢字を扱えるようにした文字コードです。JIS 漢字コードともよばれています。全角の数字やアルファベット、ひらがな、カタカナも扱えます。また、ギリシア文字やキリル文字も割り当てられています。

シフト JIS（Shift-JIS）は、MS-DOS や Windows などのパソコン上で広く用いられている文字コードです。ベンダ規格のデファクト標準として普及しましたが、後に JIS X 0208 の附属書で標準化されました。JIS X 0201 の 8 ビットコードと JIS X 0208 の 2 バイトコードの 1 バイト目を重複することなくコードに配置することで、半角文字と全角文字をまとめて取り扱えるようにしたコードです。

（4）ISO-2022-JP（JIS コード）

ISO-2022-JP は、おもに電子メールで使われる日本語用の文字コードで JIS コードともよばれます。漢字、ひらがな、カタカナやアルファベット、数字、その他の文字も扱えます。エスケープシーケンスとよばれる記号列を用いて、ASCII コードと JIS X 208 の文字コードを切り替えて用います。エスケープシーケンスを用いる方式は国際標準化機構（ISO：International Organization for Standardization）と国際電気標準会議（IEC：International Electrotechnical Commission）で標準化された ISO/IEC 2022 の規格であり、ISO-2022-JP の他にも、韓国語向けの ISO-2022-KR や中国語向けの ISO-2022-CN などがあります。

（5）EUC

EUC（Extended Unix Code）は、ISO/IEC 2022 に準拠した 8 ビットコードです。UNIX 向けに開発された文字コードで、日本語文字を扱う EUC–JP は ASCII コードと JIS X 208 の文字集合に加えて、JIS X 201 の半角カナ、JIS X 212 で定義された JIS 補助漢字を含むことができます。韓国語文字を扱う EUC–KR や中国語文字を扱う EUC–CN もあります。

（6）ユニコード（Unicode）

ユニコードはこれまでさまざまな国やベンダによって規格が作られ、互換性がなかった文字コードの統合を目指し開発されたベンダ規格です。世界で使われる全ての文字（古代文字、歴史的文字、数学記号、絵文字なども含む）を対象としています。ユニコードが開発される前の文字コードとも相互運用性が考慮されています。文字符号化形式として符号のビット長に合わせて UTF–8、UTF–16、UTF–32 が定められており、最近のパソコンでは標準的に用いられています。

2.4.3　文字化け

文字コードを用いて符号化されたそれぞれの文字は、コンピュータの画面で表示したり、印刷したりするときには同じ文字コードを使ってコードから文字に戻します。この処理を**復号化**といいます。符号化に用いる文字コードと、復号化に用いる文字コードが異なっていると、元の文字が正しく復元できず、別の文字が表示されることがあります。このような現象を**文字化け**とよんでいます。文字化けは、例えば電子メールの受信時や Web ページの閲覧時に、相手に正しく文字コードが伝わらなかったときに発生します。

2.4.4　テキストファイルとバイナリファイル

文字だけのデータを保管したファイルを**テキストファイル**とよび、それ以外のデータを扱うファイルを**バイナリファイル**とよびます。

2.5 音声・画像の表現

2.5.1 標本化

　音声や写真画像などのアナログデータをデジタル化する場合、連続したアナログデータから一定間隔で離散的なデータを取り出します。この操作を**標本化（サンプリング）**とよびます。

（1）音声の標本化

　音声は空気の振動による音の波である音波で伝達されますが、音波の形が時間に従って変化することでさまざまな音になります。音の3要素は高さ、大きさ、音色ですが、図2-17のようにそれぞれ音波の周波数、振幅、波形に対応しています。周波数は1秒あたりの波の数のことで、単位はHz（ヘルツ）を用います。振幅は波の振れのことで、波形は波の形状を表します。

　標本化しても、音波の最大周波数の2倍よりも大きな標本化周波数で標本化すれば、元の波が再現できます。この定理は、**標本化定理（サンプリング定理）**とよばれています。標本化周波数の例を表2-1に示します。

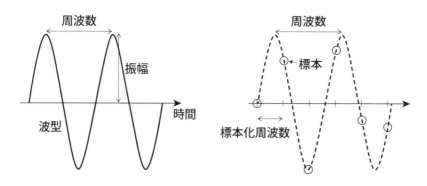

図2-17　音声の標本化

表 2-1　標本化周波数の例

音質	標本化周波数
電話	5 kHz
AMラジオ	8 kHz
FMラジオ	11 kHz
ＣＤ	44.1 kHz
ハイレゾ	96 kHz , 192 kHz

（２）画像の標本化

　画像（静止画）は、画面上の縦横に一定の大きさの**画素（ピクセル）**とよばれる正方形を並べ、その画素の明るさや色などで表現します。画素それぞれの情報をデータ化した**ラスター形式**と、図形の頂点などアンカーをデータ化した**ベクター形式**があります。

　写真画像などアナログデータをラスター形式で表現する場合、図 2-18 に示すように画素単位で標本化を行います。画素の大きさは解像度で表せます。解像度の単位は、1 インチあたりの画素数である **dpi**（dots per inch）です。解像度が低いと画素の密度が小さくなり、標本化した画像が荒くなります。逆に解像度が高いと画像は精細に表現できます。

画素

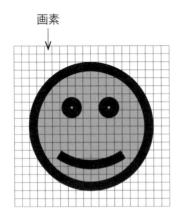
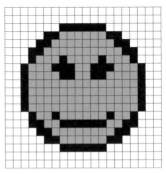

画素単位で標本化

図 2-18　画像の標本化

　動画像（動画）は、図 2-19 のように静止画を時間軸に沿って並べて表現します。いわゆるパラパラ漫画と同じように静止画を変化させることで残像効果によって動画として見ることができます。時間軸方向にも解像度と同じように 1 秒あたりの静止画（フレーム）の枚数（コマ数）を**フレームレート**とよび、**fps**（frames per second）という単位で表します。フレームレートが高いと滑らかな動画が表示されます。例えば、NTSC 方式のアナログテレビ放送のフレームレートは 29.97fps、ハイビジョンデジタル放送では 59.97fps も規格化されています。

図 2-19　動画像の表現

2.5.2　量子化

　標本化で取り出した信号の値を離散的な数値で扱うため、レベルにあてはめることを**量子化**とよびます。このレベルは量子化の単位になり、**量子化レベル**とよばれます。量子化レベルは、量子化後の値が表現されるビット数である**量子化ビット数**で表現されます。例えば、電話の量子化ビット数は 8 ビットで、CD の量子化ビット数は 16 ビットです。また図 2-20 のように、量子化によって信号の値は近い量子化レベルで近似表現されますが、そのときに差分となる値を**量子化誤差**とよびます。

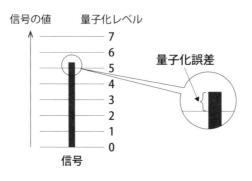

図2-20　量子化

　画像の量子化も同様に画素ごとの信号レベルを量子化します。量子化レベルとして用いる明るさのレベルを**階調**とよびます。モノクロ画像の場合、白と黒の2階調で表現された2値画像、濃淡が異なるグレーの16階調や256階調で表現されたグレースケール画像があります。2値画像では1ビット、16階調のグレースケール画像では4ビット、256階調では8ビットが量子化ビット数です。またカラー画像の場合は、光の3原色である赤、青、緑の値に分解して、RGB値のそれぞれで量子化します。

問題2-7

　フルハイビジョン画像は幅1920画素、高さ1080画素である。この画像を256階調のグレースケール画像に量子化したとき、データ量はいくらか?　また、また256階調のカラー画像の場合はいくらになるか?

2.5.3　符号化とデータの圧縮

　音声や画像もコンピュータで取り扱うために、2進数でデータを表現する**符号化**を行います。データの特徴に応じてさまざまな符号化方式があります。

一般に量子化したデータをそのまま2進数に変換すると音声や画像のデータ量は大きくなるため、データを圧縮するように工夫された符号化が行われます。

データを圧縮するとき、圧縮後のデータと圧縮前のデータの大きさの比を**圧縮効率（圧縮率）**とよびます。圧縮の方式として、データの欠落が起こらない**可逆圧縮**と、データの欠落が起こりますが圧縮効率が高い**非可逆圧縮**があります。

問題 2-8

100MB の画像を圧縮して 50MB になった。このときの圧縮効率はいくらか？

2.5.4 音声の符号化

音声の符号化には、**波形符号化**、**スペクトル符号化**、**ハイブリッド符号化**があります[12]。波形符号化は、音声の波形を忠実に量子化する方式です。**PCM**（Pulse Code Modulation）は量子化した値をそのまま2進数で表現する方式ですが、データ圧縮できる方式として信号の変化量を符号化（差分符号化）する **DPCM**（Differential PCM）や **ADPCM**（Adaptive DPCM）があります。これらは時間領域の冗長性に着目してデータを圧縮します。周波数領域での冗長性に着目した方式に **MPEG**（Moving Picture Experts Group）オーディオ符号化[13]があります。よく用いられている形式として、**MP3**（MPEG-1/2 Audio Layer 3）や **MPEG-2 AAC**（Advanced Audio Coding）があり、符号化によって歪みを生じさせないロスレスの符号化方式として **MPEG-4 ALS**（Audio Lossless）も規格化されています[14]。なお、MPEG は ISO/IEC JTC1/SC29/WG11 のことで、MPEG で国際標準化された規格には MPEG の呼称が付与されています。

スペクトル符号化は、音声合成モデルを用いてパラメータを抽出し符号化

する方式です。人の声のモデルを用いたボコーダ（vocoder）を用いた符号化があります。ハイブリッド符号化は、波形符号化とスペクトル符号化を組み合わせた方式で、**CELP**（Code-Excited Linear Prediction）や **ACELP**（Algebraic CELP）などがあります。

2.5.5　画像の符号化

量子化後の画像データをそのまま符号化した方式として、**ビットマップ形式**があります。この形式は、データを簡単に扱えますが、データ量は非常に大きくなります。データ量を減らすために、カラー画像で色数を減らして LZW という圧縮アルゴリズムで非可逆圧縮した **GIF**（Graphics Interchange Format）や、別のアルゴリズムで可逆圧縮した **PNG**（Portable Network Graphics）が使われています。

ランレングス符号化は、2 値画像のデータを圧縮して符号化する方式です。隣り合う白と黒の画素の連続数で符号を割り当てる方式です。G3 ファクシミリでの画像符号化方式[15]として国際標準化されています。2 値画像の符号化方式では、ISO/IEC JTC1 と国際電気通信連合電気通信部門（ITU-T : International Telecommunication Union Telecommunication Standardization Sector）の共同チームである **JBIG**（Joint Bi-level Image Experts Group）で作成された JBIG[16]、JBIG2[17]もあります。

JPEG（Joint Photographic Experts Group）は ISO/IEC JTC1/SC29/WG1 のことで、ITU-T と共同で規格化された離散コサイン変換（DCT : Discrete Cosine Transform）を利用した非可逆符号化方式の国際標準規格[18]の名前にもなっています。デジタルカメラ画像やインターネット上での画像の符号化方式として広く用いられています。さらに高性能な規格として、JPEG 2000[19]や JPEG XR[20]もあります。

2.5.6　動画像の符号化

　動画像の符号化は **MPEG** による規格が広く用いられています[13]。また ITU-T でも国際標準化されており、MPEG との合同検討した規格にはダブルネームが付けられています（それぞれの規格名が併記されています）。よく使われる動画像符号化の規格を表 2-2 に示します[21-26]。

表 2-2　動画像符号化の規格

規格名	用途、特徴
H.261	テレビ電話、テレビ会議用
MPEG -1	ビデオCD などの蓄積用
H.262 / MPEG -2	デジタル放送や DVD で用いられている規格
H.264 / MPEG -4 AVC	低ビットレートで、動画配信に用いられる規格
H.265 / HEVC	さらに圧縮効率向上に 4K8K に対応
H.266 / VVC	マルチビュー、パノラマにも対応した最新の方式

　また Motion JPEG という規格もあり、JPEG 画像のフレームを時間軸に並べた規格[18,27-28]です。

2.5.7　コンテナとファイルフォーマット

　音声付きの動画を配信したり、保存したりするには、動画と音声を一緒に取り扱う必要があります。そのための箱のようなフォーマットを**コンテナ**とよびます。コンテナは動画や音声の**ファイルフォーマット**としても取り扱われます。

　MPEG-2 システム[29]は、MPEG-2 の動画と音声を多重化するための規格です。タイムスタンプを用いて、同期をとります。配信用には **MPEG-2 TS**（トランスポートストリーム）があり、デジタルテレビ放送や IPTV（Internet Protocol Television）の配信にも使用されています。番組表などのメタデータとともに多重化することが可能です。蓄積用には **MPEG-2 PS**（プログラムス

トリーム）があり、DVD の記録に用いられています。

　MP4[30] は、**MPEG-4** システムとして規格化されたコンテナで動画ファイルのフォーマットとして一般的によく用いられている形式です。MPEG-1/2/4、H.264/AVC、H.265/HEVC などの動画データとともに AAC や MP3 などの音声データを格納できます。Apple の QuickTime 形式を元に国際標準化されました。

　Windows で用いられている AVI や Adobe の FLV もコンテナ型のファイルフォーマットです。他に、音声ファイルのフォーマットの WAV や AIFF、静止画のファイルフォーマットの TIFF などもあります。

3. ソフトウェアの分類

3.1 機能による分類

　ソフトウェアはハードウェアと対比して用いられる用語であり、「情報処理システムのプログラム、手続き、規則及び関連文書の全体又は一部分。」と日本産業規格の JIS X 0001 [7] で定義されています。このようにソフトウェアはハードウェア以外の無形のコンピュータ構成物であるプログラムやデータ、設計などを含んで示される場合がありますが、おもにはコンピュータプログラムのことを指します。ソフトウェアは短縮してソフトとよばれ、ハードウェアはハードとよばれています。

　プログラムであるソフトウェアは、大きく**システムソフトウェア**と**アプリケーション**（Application）に分かれます。システムソフトウェアはコンピュータを動作させるために用い、アプリケーションはユーザにさまざまなサービスやツールなどを提供します。システムソフトウェアには、基本ソフトウェアとよばれる**オペレーティングシステム**（OS：Operating System）と、アプリケーションに共通的な機能を提供する**ミドルウェア**（Middleware）に分かれます。これらの関係を階層的に表現したソフトウェアスタックで示すと図 3-1 のようになります。ミドルウェアを利用しないアプリケーションもあります。

　オペレーティングシステムは、ハードウェアとのデータの受け渡しを行い、ハードウェアを制御します。個々のアプリケーションは直接ハードウェアとやりとりせず、オペレーティングシステムを介することで、複雑なハードウェア制御をしなくて済みます。オペレーティングシステムはハードウェア資源を有効活用するため、例えば、1 つの CPU で複数のプログラムを実行したり、CPU で動作させるジョブを連続的に実行したりする機能を提供します。

また、コンピュータの信頼性や安全性を確保するために役立ちます。パソコン（PC：Personal Computer）のオペレーティングシステムでは Microsoft Windows と Apple macOS が主流で、サーバ機でも用いられる Linux も利用されます。スマートフォンにもオペレーティングシステムが搭載されていて、Google Android や Apple iOS がよく用いられます。オペレーティングシステムの詳細については第 4 章で説明します。

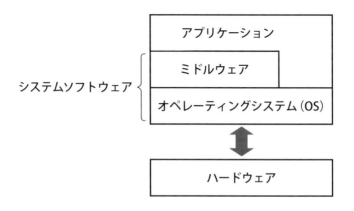

図 3-1　ソフトウェアスタック

　ミドルウェアは複数のアプリケーションが用いる汎用的な機能で、オペレーティングシステムでは提供されていない機能を実現するソフトウェアです。図 3-1 では、ミドルウェアはオペレーティングシステムとアプリケーションの間に位置しています。例えば、データベース管理機能や運用管理機能を提供するミドルウェアがあります。ミドルウェアも短縮してミドルとよばれることがあります。

　アプリケーションはユーザが直接利用するソフトウェアで、コンピュータを用いた業務やサービスを実現します。アプリや Apps と短縮してよばれる、馴染み深いソフトウェアです。

3.2 ミドルウェア

ミドルウェアは、オペレーティングシステムとアプリケーションの中間に位置していて、両方の特徴を持ちます。つまり、図3-2に示すように、アプリケーションから見た場合、オペレーティングシステムのようにサービスを実現するために共通な機能を提供する面と、オペレーティングシステムから見た場合、アプリケーションのようにサービスに結びつく特化した機能を実現する面があります。ミドルウェアは、オペレーティングシステムとともにアプリケーションの実行環境を提供する**基盤**（PF：Platform）としても利用されます。さらにプログラム開発の際に用いる**フレームワーク**（Framework）もミドルウェアとよばれています。

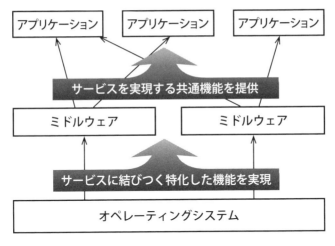

図3-2　ミドルウェアの位置づけ

ミドルウェアの例として次のようなものがあります。

（1）データベース管理システム（DBMS）

データベースはデータを集合として扱うための仕組みです。アプリケーションはデータを扱うときにデータベースからデータを取り出したり、書き込

んだり、更新したり、削除したりします。データベースは複数のアプリケーションで共有して同じデータを扱うことができますが、データの形式や関係性に修正が必要となった場合、アプリケーションの構成変更が必要になります。図 3-3 に示すように、**データベース管理システム**（DBMS：Database Management System）はデータベースとアプリケーションの間に入って、データの構造が変わっても、アプリケーションを修正することなくデータを扱えるようにするソフトウェアです。アプリケーションはデータベース管理システムにコマンドを発行してデータベースを操作するため、このコマンドが変わらなければデータ構造の変更を意識せずにアクセス可能になります。データベース管理システムの代表的なものとして、Oracle の Oracle Database、IBM の DB2、Microsoft の Microsoft SQL Server やオープン・ソース・ソフトウェア（3.6 節で解説します）の My SQL、PostgreSQL、Maria DB などがあります。

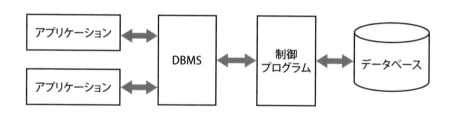

図 3-3　DBMS

（2）Web サーバ、アプリケーションサーバ

　WWW サービスを提供する **Web サーバ**は、クライアントである Web ブラウザからの要求に従って、HTML や画像ファイルなどのコンテンツを提供します。Web サーバ上では CGI（Common Gateway Interface）スクリプトや Java Servlet などのプログラムが動作して、動的なコンテンツをブラウザに提供することもできます。このようにプログラムを動作させるプラットフォームとして、Web サーバはミドルウェアの位置づけにあります。オープンソースの Apache HTTP Server や nginx などが代表例です。

Web サイトで EC（Electronic Commerce）や SNS（Social Networking Service）など、高度なサービスを提供するものは、データベースへアクセスし、複雑な計算処理を行います。このようなサービスを提供するアプリケーションを動作させるサーバを**アプリケーションサーバ**とよびます。業務の流れであるビジネスロジックを実装し、複数のトランザクションを処理する機能も実現します。アプリケーションサーバはアプリケーションを実行するプラットフォームです。Jakarta EE（旧 Java EE）や Apache Tomcat などがあります。

（3）統合運用管理ツール

エンタープライズシステム（企業等で用いられる業務用情報システム）では、24 時間 365 日いかなるときも動作させる必要があるミッションクリティカルなシステムがあります。このようなシステムでは**統合運用管理ツール**を用いて、ハードウェアやネットワークの状態、ソフトウェアの動作状況を監視し、何か不具合が発生したときには、自動復旧したり、管理者に連絡したりするなど、対処を行います。代表的なソフトウェアとして、日立製作所の JP1、富士通の Systemwalker、IBM の Tivoli などがあります。

（4）データ連携ツール

企業内で用いられているシステムは、顧客管理に用いる CRM（Customer Relationship Management）、調達や販売の管理に用いる SCM（Supply Chain Management）、経営資源の管理に用いる ERP（Enterprise Resource Planning）、給与管理や人事管理に用いるシステムなど、用途に合わせてさまざまなものが構築されています。これらのシステムを連携させて、扱うデータを流通させることによって、効率的な業務を実現するための連携ツールがあります。**ETL**（Extract/Transform/Load）とよばれるシステム間でデータのやり取りを行うツールや、**EAI**（Enterprise Application Integration）とよばれるシステムの連携、統合を行うシステム（図 3-4）などがあります[31]。代表的なものとして、Software AG の webMethods やセゾン情報システムズの DataSpider などがあります。

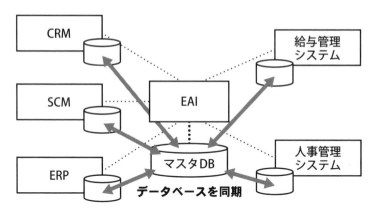

図3-4　システム統合の例

（5）開発フレームワーク

　アプリケーション開発の際に、**フレームワーク**というあらかじめ決められた枠組みの中でプログラミングする手法があります。このときに用いられるフレームワークは、でき上がったアプリケーションの土台として機能しともに実行されるため、ミドルウェアの位置づけにあります。Web アプリケーションの開発で用いられる、Apache Struts や JSF（JavaServer Faces）、Hibernate、Spring Framework などがあります。

3.3　アプリケーション

　オペレーティングシステムが基本ソフトウェアとよばれるのに対応して、**アプリケーション**は応用ソフトウェアとよばれます。アプリケーションは業務やサービスにおいて特定の機能を実現して直接ユーザとのやり取りを行うソフトウェアです。パソコン上で動作するアプリケーションだけでなく、スマートフォンやタブレット上で動作するアプリケーションもあります。アプリと短縮してよばれており、馴染み深いソフトウェアとなっています。

　アプリケーションの用途に応じて分類されますが、さまざまな業務に共通的に用いたれるアプリケーションを**共通応用ソフトウェア**、特定の業務に特

化したアプリケーションを**個別応用ソフトウェア**とよびます[1]。例えば、ワードプロセッサや表計算ソフトは共通応用ソフトウェアに分類され、会計や給与計算を行うソフトウェアは個別応用ソフトウェアに分類されます。

　アプリケーションの別の分類方法として、動作環境によるものがあります。HTML5 の登場以降、Web ブラウザ上で高機能なプログラムを動作させることができるようになりました。パソコンやスマートフォンでは最近、Web ブラウザ上で動作するアプリケーションがよく用いられており、**Web アプリ**とよばれています（図 3-5）。これに対して Web ブラウザを用いず、オペレーティングシステムから直接起動するアプリケーションを**ネイティブアプリ**とよびます。ネイティブアプリはオペレーティングシステムやハードウェアに依存したネイティブコードで作成されており、動作が早いことが特徴です。また、ネイティブアプリでも Web ブラウザ機能を含み、Web サイトを利用したサービスを実現しているものを**ハイブリッドアプリ**とよびます。他に Java 言語で記述されて、Java 実行環境上で動作する **Javaアプリ**もあります。

Webアプリ
Webブラウザ
オペレーティングシステム（OS）

ネイティブアプリ
オペレーティングシステム（OS）

図 3-5　Web アプリとネイティブアプリ

3.4 ファームウェア

　ファームウェアは、ハードウェアに組み込まれてハードウェアの基本的な制御を行うソフトウェアです。ファームと略されます。コンピュータの起動や家電、ゲーム機などの組み込み機器の動作に用いられます。オペレーティングシステムの一部とみなされることがありますが、どちらかと言うとハードウェアに密接に関係しており、パソコンで用いられるファームウェアは同じファームウェアで異なるオペレーティングシステムを起動することもできます。

　ファームウェアはコンピュータの主基盤に実装された ROM（ロム：Read Only Memory）上に記録されているので、電源がオフになっても消えません。またメモリ上に記録されているので、動作が早いことも特徴です。ファームウェアは従来、コンピュータの出荷時に記録されて書き換えができませんでしたが、最近はフラッシュメモリに書き込まれており、ファームの更新としてアップデートすることが可能になっています。

　BIOS（バイオス：Basic Input/Output System）はパソコンの起動時に呼び出されるファームウェアです。BIOS が動作して、ハードウェアを初期化し、キーボードやマウス、ディスプレイなどの入出力装置も使えるようにして、オペレーティングシステムの本体を起動します。最近のパソコンは、BIOS として UEFI（Unified Extensible Firmware Interface）という仕組みを使用し、セキュリティ面での強化やさまざまなデバイスのサポートなど、高度な機能を実現しています。

3.5 配布形態による分類

　ソフトウェアの分類方法として、販売経路や利用形態によるものがあります。市販品として店頭販売されているソフトウェアを**パッケージソフトウェア**（パッケージソフト）とよびます。パッケージとは箱のことで、箱詰めされて売られていることから、この名前が付いています。最近は、パッケージ

ソフトでもパソコンの購入時にプレインストールされているものや、インターネット経由でダウンロード販売されているものもあります。

　一方で、かつてはパソコン通信、現在はインターネット経由でのみ配布されているソフトウェアを**オンラインソフトウェア（オンラインソフト）**とよびます。オンラインソフトはかつて、個人や小規模なソフトウェアハウスが作成したものが主流でしたが、最近では大手のソフトウェア開発会社のプロダクトでも流通経路としてオンラインを選択することが多くなりました。

　オンラインソフトには無償のものと有償のものがあります。**フリーウェア**は、無償のソフトウェアのことを指します。**シェアウェア**は試用期間中には無料で使用でき、継続的に使用する場合は対価を要求するソフトウェアです。対価として任意の寄付を求めるシェアウェアもあり、**ドネーションウェア**とよばれます。広告の視聴を対価として求めるソフトウェアは**アドウェア**とよばれます。支払いによって広告視聴を止めたり、機能限定を解除したりするソフトウェアもあります。なお、パッケージソフトでも試用期間中は無償で使えるものがありますが、シェアウェアとはよばれません。

　利用に関して、自由に利用、改変、再配布ができるソフトウェアのことを**フリーソフトウェア（フリーソフト、自由ソフトウェア）**とよびます。フリーソフトは、フリーソフトウェア財団の創始者であるリチャード・ストールマン（Richard M. Stallman）が提唱した用語です。フリーソフトは著作権（コピーライト：Copyright）を維持しており、ライセンスとして規定されます。また、再配布時にもライセンスをそのまま適用しなければならない**コピーレフト**（Copyleft）という考え方があります。コピーレフトが適用されたソフトウェアは改変再配布時に改変部のソースコードを公開しなければなりません。一方で、著作権を放棄したソフトウェアは**PDS**（Public Domain Software）とよばれています。

　インターネットの普及にともない、パソコンなどの端末にソフトウェアをインストールせず、ネットワーク経由でソフトウェアの必要な機能にアクセスするサービスがあります。このようなソフトウェアの利用形態を**SaaS**（サース：Software as a Service）とよんでいます。クラウドコンピューティング

によって提供されるソフトウェアの提供形態で、例えばグループウェアの Google Workspace、Microsoft Office 365 や ERP の SAP Business ByDesign、CRM の Salesforce CRM などが提供されています。

3.6　オープン・ソース・ソフトウェア（OSS）

　ソフトウェアの種類に、**オープン・ソース・ソフトウェア**（OSS：Open Source Software）があります。一般に、**オープンソース**、もしくは OSS と略してよばれます。OSS は誰もが無償で利用ができるソフトウェアで、ソースコードが公開されており、自由に改変、再配布が可能です。OSI（Open Software Initiative）によるオープンソースの定義[32]では、配布条件が定められています。オペレーティングシステムの Linux や Web サーバの Apache HTTP Server などは OSS です。広く用いられている OSS には、ソフトウェアの開発や改善、情報交換を行うコミュニティが存在し、そのコミュニティによってソフトウェアの品質が高められています。有名なコミュニティに、Linux Foundation、Apache Software Foundation、GNU などがあります。また OSS は商用利用が可能であり、企業のシステム開発にも多く利用されています。特定の OSS に対してはシステムインテグレータ企業などによる保守サービスもあります。

　OSS にはさまざまな種類のライセンス規定があります[33]が、最も厳格な GPL（GNU General Public License）ではコピーレフトが適用され、改変部や追加部の公開が求められます。MPL（Mozilla Public License）では改変部のソースコード公開が必要ですが、特許保護を規定に盛り込んでおり、追加部の公開は求められません。一方で、**BSD**（Berkley Software Distribution）**ライセンス**や **MIT**（Massachusetts Institute of Technology）**ライセンス**ではコピーレフトは適用されず、改変してもソースコードの公開は必要ありません。

問題 3-1

OSI によるオープンソースソフトウェアの定義に従うときのオープ
ンソースソフトウェアに対する取扱いとして、適切なものはどれか。

ア ある特定の業界向けに作成されたオープンソースソフトウェア
  は、ソースコードを公開する範囲をその業界に限定することが
  できる。

イ オープンソースソフトウェアを改変し再配布する場合、元のソ
  フトウェアと同じ配布条件となるように、同じライセンスを適
  用して配布する必要がある。

ウ オープンソースソフトウェアを第三者が製品として再配布する
  場合、そのオープンソースソフトウェアの開発者は第三者に対
  してライセンス費を請求することができる。

エ 社内での利用などのようにオープンソースソフトウェアを改変
  しても再配布しない場合、改変部分のソースコードを公開しな
  くてもよい。

(出典：平成 31 年度 春期 基本情報技術者試験 午前 問20)

4. オペレーティングシステム（OS）

4.1 オペレーティングシステムの概要

　オペレーティングシステム（OS）は**基本ソフトウェア**とよばれており、現代のコンピュータシステムでは欠かせないソフトウェアです。コンピュータプログラムは、主記憶装置（メインメモリ）に読み込まれて中央演算装置（CPU：Central Processing Unit）での処理に用いられますが、プログラムの読み込みやCPUの動作を司るなど、ハードウェアを制御する機能をオペレーティングシステムが提供します。

　オペレーティングシステムの役割はコンピュータを使いやすくすることであり、大きく以下のような機能を実現します[1,12,34]。

（1）ハードウェアの制御

　前述したように、オペレーティングシステムはCPUの動作や主記憶装置の操作を司り、アプリケーションから見ると複雑な処理をオペレーティングシステムが肩代わりしてくれます。そのため、アプリケーションの開発者はオペレーティングシステムを利用するプログラムを書けば、ハードウェアを制御するプログラムを書かずに済みます。また、キーボードやマウスといった入力装置からの信号入力や、ディスプレイやプリンタなどの出力装置への信号出力もオペレーティングシステムが担います。

（2）処理能力の向上

　ジョブはコンピュータに投入される、まとまった処理の単位を指します。コンピュータの処理能力は、単位時間あたりに処理できるジョブの件数である**スループット**で測ることができます。オペレーティングシステムはスルー

プットを向上させるために、CPU を効率よく動作させます。例えば、ジョブ
を連続的に動作させることや、1 つの CPU で複数のプログラムを同時に実行
するマルチプログラミングを実現することで、効率よくジョブを実行する仕
組みを提供します。処理能力については、8.2 節で説明します。

（3）性能の確保

　コンピュータの性能は、8.4.1 項で説明する RASIS（レイシス：信頼性、可
用性、保守性、保全性、機密性の頭文字をとった用語）とよばれる評価指標
で表されます。オペレーティングシステムがコンピュータを制御することに
より、これらの性能を確保します。

　例えば、コンピュータの障害発生時に、障害発生を検知し、記録を取り、
コンピュータ全体が停止しないようにする**フォールトトレランス**という対策
を取ります。

（4）プログラム作成支援

　アプリケーションをプログラミングするときに、作成したプログラムをコ
ンピュータで実行する 2 進数で表現された機械語に変換するツールを提供し
ます。またプログラムでは、例えば記憶領域の管理や入出力装置の制御など、
オペレーティングシステムが提供する機能を呼び出すことでハードウェアを
意識せずに実現できます。

4.2 オペレーティングシステムの発展

　ソフトウェアの歴史は 1.1 節で述べましたが、オペレーティングシステム
は、ノイマン型コンピュータが登場して以降に、パンチカードを連続して読
み込んで**ジョブを実行するバッチ処理**が始まりとされています[12]。その後、
1960 年代に入出力装置と CPU が分かれて動作するハードウェアが開発され
て、ジョブが入出力処理を実行中に空いた CPU で別のジョブを実行する**マル
チプログラミング**ができるようになりました。コンピュータでは通信機能を

使って遠隔からプログラムを入力して実行させることができるようになり、バッチ処理以外に対話型利用が行えるようになりました。このとき、バッチ処理ではスループットを保障すること、対話型利用では応答時間（レスポンスタイム）を保障することが必要です。そこで処理に対して**タイムスライス**という CPU 割り当て時間を決めて**スケジューリング**する方式が開発されました。また、この方式は複数のユーザがコンピュータを同時に利用する**タイムシェアリングシステム**（TSS : Time Sharing System）を実現しました。1970年代には 4.9.2 項で説明する仮想記憶が実用化されました。

　現在用いられているオペレーティングシステムにはさまざまなものがありますが、多くのオペレーティングシステムの元となったのが UNIX です。1969年から 1971 年頃にアメリカの AT&T（American Telephone and Telegraph）ベル研究所で、ケン・トンプソン（Ken Thompson）やデニス・リッチ（Dennis Ritchie）らによって開発されました。UNIX は対話型のタイムシェアリングシステムで、木構造の階層型ファイルシステムを提供し、プロセスとデバイスファイルの概念を導入、コマンドラインインタプリタなどが実現されました。1973 年には 60 万行の **C言語**のソースコードで書き直され、高級言語で開発された初のオペレーティングシステムとなりました。アメリカ国防総省高等研究計画局で開発・運用され、**インターネット**の元となった ARPANET（アーパネット : Advanced Research Projects Agency Network）で採用され、インターネットと親和性の高いオペレーティングシステムとして用いられています。UNIX のソースコードは公開されていたため、大学の研究者がさまざまな拡張を行い、1977 年から 1995 年にかけてアメリカ カリフォルニア大学 バークレー校（UCB : University of California, Berkeley）で BSD（Berkley Software Distribution）版がリリースされました。また、1983 年には AT&T System 5 がリリースされるなど、代表的なもの以外にもさまざまな版が存在します。なお、UNIX は 1988 年に IEEE（アメリカ電気電子学会 : Institute of Electrical and Electronics Engineers）で POSIX という名前で標準化されています。アメリカ マサチューセッツ工科大学（MIT : Massachusetts Institute of Technology）が開発した X Window により、直感的に操作できる **GUI**（Graphical User Interface）

が使用できます。

　UNIX のクローンとして開発されたのが **Linux** です。1991 年にフィンラン
ド ヘルシンキ大学のリーナス・トーバルズ（Linus B. Torvalds）が開発した
オペレーティングシステムが起源です[37]。現在は、Linux コミュニティによ
って開発が進められている OSS となっています。GPL ライセンスを採用して
いるので、Linux の再頒布時に加えた変更を含めソースコードを同じ条項で
入手可能にしなければなりません。Linux はサーバ機で広く利用されていま
すが、パソコンや組み込み機器、メインフレームなどでも使われています。
Google のスマートフォン向けオペレーティングシステム Android のコアとな
るカーネル部分には Linux が用いられています。

　Apple のパソコン Macintosh シリーズのオペレーティングシステム **Mac OS**
は、1984 年の初代 Macintosh 向けに GUI を中心に設計されました。マウスを
用いてアイコン表示されたアプリケーションやプルダウン表示を選択し、ウ
ィンドウを開いて操作するというスタイルは当初から実現されていました。
画面をデスクトップとよんで作業することもこの時点で始まりました。Mac
OS は新しいハードウェアの発売にともない進化していきましたが、2001 年
に発売された MacOS X からは BSD 系 UNIX の派生であるオペレーティング
システムの NeXTstep をコアとして開発が進み、現在の macOS に至ります。
スマートフォンの iPhone 向けの iOS は MacOS X から派生し、スマートウォ
ッチである Apple Watch 向けの watchOS は iOS から派生しています。

　一方で、パソコンでよく用いられているオペレーティングシステムの
Microsoft Windows は、1981 年に実用化された **MS-DOS** を源流としています。
MS-DOS はシングルユーザ、シングルタスクでコマンド入力による対話型の
オペレーティングシステムです。Microsoft Windows は当初 MS-DOS に GUI
を供給するソフトウェアでしたが、1992 年の Windows 3.1 で Mac OS 同様の
ウィンドウ操作ができるようになり、その後爆発的に普及した Windows 95
からは MS-DOS と一体化したオペレーティングシステムとして販売されま
した。現在用いられている Windows 10 や Windows 11 は、別に開発された
Windows NT の系譜で、Windows 2000、Windows XP などと発展したオペレー

ティングシステムの最新版となっています。

オペレーティングシステムの種類としては、搭載される機器によってパソコン用のデスクトップ OS、組み込み機器用の組み込み OS、スマートフォンやタブレットなどの携帯機器で用いられるモバイル OS のように分類されます。また、ネットワークで接続された複数のコンピュータや複数の CPU を持つコンピュータで用いられる分散 OS、時間に関する厳格な要求があるリアルタイム処理が必要なときに用いられるリアルタイム OS など、主眼とする機能の特徴によって分類されることもあります。

4.3 オペレーティングシステムの構成

広義のオペレーティングシステムは、例えばパソコンを導入するときに最初にインストールするソフトウェアである Windows や macOS を思い浮かべるとイメージできると思いますが、複数のソフトウェアが組み合わさって構成されています。オペレーティングシステムを構成するソフトウェアは**制御プログラム**、**言語プロセッサ**、**サービスプログラム**に分類されます。

制御プログラムは狭義のオペレーティングシステムとされ、コンピュータの制御を行うプログラムです。機能の詳細については、次節以降で詳しく述べます。

言語プロセッサは、プログラミング言語で記述したプログラムをコンピュータが実行する**機械語**に変換するソフトウェアです。**アセンブラ**はアセンブリ言語を機械語に変換します。アセンブリ言語は機械語に 1 対 1 対応しており、**低水準言語**とよばれます。**コンパイラ**は、人間が理解しやすい**高水準言語**から機械語へ翻訳します。機械語への翻訳処理を**コンパイル**とよびます。**インタプリタ**は、高水準言語で書かれたソースコードを 1 命令ずつ解釈して実行するソフトウェアです。これらについては、5.1 節で詳しく説明します。他にも入力データ、処理結果の内容と形式、処理条件などに基づき、自動的に処理に必要なプログラムを生成する**ジェネレータ**や、プログラムがコンパイラやインタプリタに渡される前に、命令文の変換処理をする**プリプロセッ**

サが言語プロセッサに分類されます。

　サービスプログラムは、コンピュータを便利に使えるようにするオペレーティングシステムに付属するソフトウェアです。ユーティリティプログラムともよばれます。プログラミング関連のサービスプログラムには、プログラムを生成する際に用いられる**リンカ**（Linker）や**ローダ**（Loader）（動作については 5.2 節で説明します）、プログラムを編集する際に用いる**エディタ**（Editor）、プログラムの不具合であるバグを見つけて修正するために用いられる**デバッガ**（Debugger）などがあります。

4.4　制御プログラム

　制御プログラムは、コンピュータを制御するソフトウェア群で、図 4-1 のように**カーネル**、**デバイスドライバ**、**ファイルシステム**に分かれます。

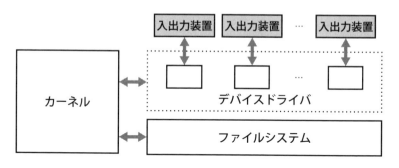

図 4-1　制御プログラムの構成

　カーネル（Kernel）は、主記憶装置に常駐する制御プログラムモジュール群で、オペレーティングシステムの中核となるソフトウェアです。

　デバイスドライバ（Device Driver）は、入出力装置を直接操作し管理するプログラムです。装置の種類ごとに異なるプログラムが対応し、1 つのデバイスドライバで同じ種類の装置ならば 1 つ以上の入出力装置を制御することができます。カーネルと入出力装置の**インタフェース**となっています。イン

タフェースとは接点のことで、界面ともよばれます。

ファイルシステム（File System）は、補助記憶装置に記憶するファイルを
システム全体で統一的に管理する仕組みです。コンピュータのリソースとし
てファイルを操作します。データを抽象化して、補助記憶装置への読み書き
を行います。ファイルは階層に従って構造化して保存されます。データの操
作やアクセス、検索のための実装がなされています。例えば、Microsoft
Windows では FAT や NTFS が用いられ、Apple macOS では HFS+や APFS が、
Linux では XFS といったファイルシステムが用いられます。

制御プログラムは、実行中のプログラムやハードウェアを管理、制御しま
す。具体的な機能としてはジョブ管理、タスク管理、入出力管理、データ管
理、記憶管理、運用管理、障害管理、通信管理などを実現します[1,35-36]。

4.5 ジョブ管理

ジョブ管理は、コンピュータに投入された**ジョブ**を自動的に連続的に実行
する仕組みを提供します。ジョブが複数のプログラムの動作の組み合わせに
よって構成される場合、それぞれのプログラムの実行を**ジョブステップ**とよ
びますが、ここでは簡単のためジョブとして説明します。

ジョブがコンピュータに投入されると、そのジョブで実行するプログラム
が主記憶装置にロードされます。またそのプログラムが使用する入出力装置
や補助記憶装置が割り当てられます。その後、プログラムが CPU で実行され
ます。この一連の流れを実行するのが**ジョブスケジューラ**です。またジョブ
スケジューラに命令を送ったり、ジョブスケジューラからのメッセージを表
示したりするのが**マスタスケジューラ**です。図 4-2 はジョブ管理のモデル
を示した図です。

ジョブスケジューラがジョブを実行する手順を示します。ジョブは**リーダ**
から読み取られ、ジョブ実行待ち行列に登録されます。ジョブスケジューラ
はジョブ実行待ち行列からジョブの実行優先度に応じてジョブを取り出し、
順にジョブを実行に移します。ジョブの実行順を決めることを**ジョブスケジ**

ューリングとよび、ジョブを実行に移すプログラムを**ジョブイニシエータ**と
よびます。ジョブイニシエータは主記憶装置へのプログラムのロードや入出
力装置などの割り当てを行い、CPU での実行を制御します。また、ジョブが
終了すると**ジョブターミネータ**というプログラムがそのジョブで割り当てら
れた主記憶装置上のメモリや一時的に作成された補助記憶装置上のファイル
などを解放します。ジョブの実行結果は**ライタ**というプログラムから出力さ
れ、画面表示やプリンタ出力などが行われます。ここで、ライタからの出力
でプリンタなどの低速な出力装置が用いられる場合、データをいったん、補
助記憶装置に書き込む**スプーリング**という処理が行われます。

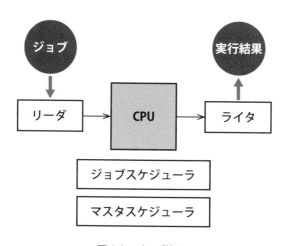

図 4-2　ジョブ管理

　ジョブスケジューリングには、**ジョブ制御言語** (JCL : Job Control Language)
が用いられ、ジョブの実行に必要な情報を記述できます。ジョブの開始時刻
を決めたり、繰り返し実行したりする高度なスケジューリングも可能です。

4.6　タスク管理

　1つの CPU で複数のプログラムを同時に実行する仕組みを**マルチプログラ**

ミングと言いますが、マルチプログラミングでは複数のプログラムを切り替えながら実行します。**タスク**はジョブから生成される CPU の実行単位です。マルチプログラミングは、タスクの観点から見て、**マルチタスク**ともよばれます。**タスク管理**では、複数のタスクの生成、実行、消滅などの制御を行います。タスクの切り替えをオペレーティングシステムが管理する**プリエンプティブマルチタスク**（Preemptive Multitasking）とそれぞれのタスクが CPU を明け渡す**ノンプリエンプティブマルチタスク**（Non-preemptive Multitasking）があります。UNIX ではタスクのことを**プロセス**とよび、タスク管理は**プロセス管理**とよばれます。

　タスクは、**実行可能状態**（READY）と**実行状態**（RUN）、**待機状態**（WAIT）の状態を遷移しながら実行されます。図 4-3 は、この状態遷移を示した図です。

図 4-3　タスク管理

　タスクはジョブから生成されると、実行可能状態になります。この状態から**ディスパッチャ**というプログラムにより優先順位に従って、CPU に割り当てられると実行状態になり、CPU で実行されます。CPU でタスクが実行されている時間がタイムスライスで、CPU 割り当て時間もしくは CPU 時間とよびます。一定の CPU 時間が経ち、タイムスライスが完了するとそのタスクは実行可能状態に戻ります。また入出力要求といった CPU を使わない処理が発生すると、タスクは待機状態に移ります。なお、実行状態のタスクがなくな

るとディスパッチャにより別のタスクが CPU に割り当てられ、実行状態にな
ります。待機状態になったタスクは、入出力処理が完了すると実行可能状態
に移ります。その後、ディスパッチャにより再度実行状態に移り、処理を継
続します。処理が終了すると、タスクは消滅します。

　図 4-4 は、マルチタスクにより複数のタスクが実行される CPU の使用時間
について示した図です。タスク 1 とタスク 2 がそれぞれ実行されるときは、
CPU 使用時間と入出力 (I/O) にかかる時間の和でいずれも 100ms かかり、
合計で 200ms の時間が必要になります。

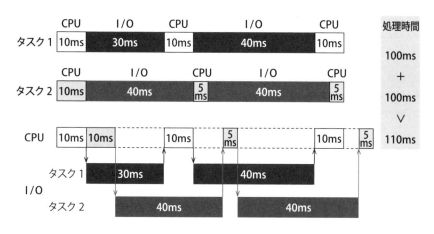

図 4-4　マルチタスクによる処理の高速化

　マルチタスクで実行するときは、まずタスク 1 を CPU で実行します。入出
力要求が発生したタイミングでタスク 1 は CPU を空けて入出力処理に移り、
CPU ではタスク 2 が実行されます。タスク 2 も入出力要求が発生すると入出
力処理に移りますが、ここでは入出力処理待ちが必要となる競合は発生しな
いものとします。タスク 1 の入出力時間 30ms が終わったとき CPU が空いて
いるので、タスク 1 に CPU が再度割り当てられます。ここで CPU が別のタ
スクに割り当てられている競合が発生した場合は、その処理が終わるのを待
ってタスク 1 に CPU が割り当てられます。タスク 2 も同様に入出力処理が終

わると CPU に割り当てられます。このような処理が繰り返し実行されると、最終的にタスク 1 とタスク 2 の実行が完了するまでに 110ms かかることになり、それぞれを実行したときよりも高速に処理が終わります。これは CPU の空き時間（アイドル時間）を減らすことができるためです。全体の時間に対する CPU の稼働時間を **CPU 使用率** とよびますが、CPU 使用率は 50ms/110ms ≒45％で、タスクをそれぞれ独立に実行したときの平均値 25％よりも大幅に改善します。

ディスパッチャによる CPU の割り当てはタスクスケジューリングとよばれますが、次のような方式があります。

- **ラウンドロビン方式**：各タスクを待ち行列の順に一定時間ずつ処理
- **多重待ち行列方式**：割り当て要求のあったタスクに高い優先順位と短い CPU 時間を割り当て、その後は優先順位を低く、CPU 時間を長くする方式
- **到着順方式**：割り当て要求のあったタスク順に処理する方式
- **優先順位方式**：優先順位の高いタスクから実行する方式

タスクが実行状態から待機状態に移るタイミングは **割込み** とよばれます。入出力処理時の割込みは **SVC**（Supervisor Call）**割込み** とよばれる **内部割込み** です。ここでスーパバイザとはカーネルのことを指します。内部割込みはプログラムの実行において生じる割込みで、プログラムの実行中に異常が発生したときに生じる **プログラム割込み** もあります。また、プログラム以外の原因による割込みを **外部割込み** とよびます。外部割込みには、入出力処理の終了や誤動作が発生した場合に発生する **入出力割込み**、ハードウェアの異常、誤動作が生じた場合の **マシンチェック割込み**、オペレータが介入した場合の **コンソール割込み**、監視タイマなどで一定時間を経過した場合に起こる **タイマ割込み** があります。

タスクを **スレッド** という単位に細分化してそれぞれを CPU に割り当てる **マルチスレッド** という手法があります。マルチスレッドは、複数の CPU が動

作するマルチプロセッサのコンピュータでは複数のスレッドが同時に動作するため、効果的です。

問題 4-1

　三つのタスク A〜C の優先度と、各タスクを単独で実行した場合の CPU と入出力装置（I/O）の動作順序と処理時間は、表のとおりである。A〜C が同時に実行可能状態になって 3 ミリ秒経過後から 7 ミリ秒間のスケジューリング状況を表したものはどれか。ここで、I/O は競合せず、OS のオーバヘッドは考慮しないものとする。また、表の（）の数字は処理時間を表すものとし、解答群の中の"待ち"はタスクが実行可能状態にあり、CPU の割当て待ちであることを示す。

タスク	優先度	単独実行時の動作順序と処理時間（ミリ秒）
A	高	CPU(2) → I/O(2) → CPU(2)
B	中	CPU(3) → I/O(5) → CPU(2)
C	低	CPU(2) → I/O(2) → CPU(3)

ア
```
      3 4 5 6 7 8 9 10
      ├─┼─┼─┼─┼─┼─┼─┤ (ミリ秒)
タスクA  CPU  I/O   CPU  完了
タスクB     I/O      待ちCPU
タスクC  待ち  CPU  I/O 待ち
```

イ
```
      3 4 5 6 7 8 9 10
      ├─┼─┼─┼─┼─┼─┼─┤ (ミリ秒)
タスクA  CPU I/O   CPU  完了
タスクB     I/O       CPU
タスクC  待ち  CPU  I/O 待ち
```

ウ
```
      3 4 5 6 7 8 9 10
      ├─┼─┼─┼─┼─┼─┼─┤ (ミリ秒)
タスクA  I/O  CPU  完了
タスクB  CPU 待ち CPU   I/O
タスクC     待ち     CPU I/O
```

エ
```
      3 4 5 6 7 8 9 10
      ├─┼─┼─┼─┼─┼─┼─┤ (ミリ秒)
タスクA  I/O  待ち   CPU  完了
タスクB  CPU      I/O
タスクC  待ち   CPU  I/O CPU
```

（出典：平成 30 年度 春期 基本情報技術者試験 午前 問16）

4.7 入出力管理

コンピュータにはさまざまな周辺機器が接続されて利用されます。補助記憶装置のハードディスク（HDD : Hard Disk Drive）や SSD（Solid State Drive）、USB メモリ（USB フラッシュドライブ）、SD メモリカード、CD ドライブや DVD ドライブ、ブルーレイドライブ、出力装置のディスプレイやプリンタ、通信を行うイーサネットアダプタや Wi-Fi アダプタ、Bluetooth モジュールなどが一般的に使われています。これらの機器とデータをやり取りするためのソフトウェア開発は、ハードウェアの仕様を理解していないと困難なため、一般的には機器のメーカが行います。このソフトウェアが**デバイスドライバ**です。

デバイスドライバは図 4-1 のように機器に対応したものが用いられ、その機器の状態を把握します。タスクから入出力要求が発生すると要求を受け付け、機器が別の入出力処理を行っているときには待ち行列に入れて、別の処理が終わってから新たな入出力処理として実行させます。処理が終わったタイミングで入出力割込みを CPU に通知します。このときデバイスドライバは入出力が正常に行われたことを確認し、エラーが発生したときには、再度入出力処理を実行させる**ロールバック**を行います。

補助記憶装置のファイルは**ファイルシステム**が管理します。デバイスドライバから入出力処理の完了をファイルシステムに通知することで、ファイルシステムと補助記憶装置のデータの整合性が確保されます。

4.8 データ管理

ファイルは、データを管理する大きな単位です。**ファイルシステム**は補助記憶装置上に記録されたファイルを論理的に管理し、プログラムから物理的な媒体を意識することなく取り扱えるようにするソフトウェアです。装置ごとに異なる入出力の方法にはデバイスドライバが対応します。

ファイルシステムでは記憶媒体を**ボリューム**（Volume）として扱い、図 4-5

のようにボリュームごとにファイルの管理情報を扱う領域を用います。この
領域にはファイルの名称や位置を示すディレクトリや記憶領域の管理テーブ
ルなどが置かれます。

ボリューム

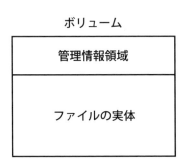

図 4-5　ボリューム

　ファイルを構成するデータは論理的なデータ構造に基づき、**レコード**とい
う単位の集合で作成されます。ファイルを補助記憶装置に記録するときには
図 4-6 のような複数のレコードを 1 つにまとめた**ブロック**という単位で入出
力します。この操作を**ブロッキング**とよびます。なお、パソコンのファイル
システムではファイル内のデータ構造を意識しないため、ブロックは固定長
のサイズで決められます。

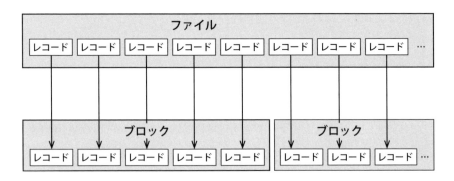

図 4-6　ブロッキング

　入出力処理を行うときには、主記憶装置のアクセス速度に比べ補助記憶装置のアクセス速度が遅いため、図4-7のようにいったんブロックごとに**バッファ**（Buffer）という入出力領域に入れて処理を進めます。バッファを複数用意し、連続的に補助記憶装置での処理を行うことで、補助記憶装置の処理が効率化できます。この処理を**バッファリング**（Buffering）とよびます。

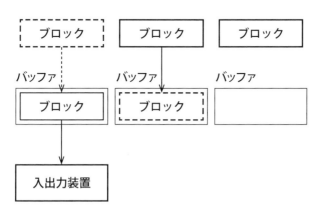

図4-7　バッファリング

　また図4-8のようにファイルのよく使われる部分を主記憶の**キャッシュ**（Cache）とよばれる領域に保管しておき、キャッシュを操作することで高速化をする**キャッシング**（Caching）という方法もとられます。キャッシュは特定のタイミングで補助記憶装置のデータとの整合性をとるために書き込み処理が行われます。

　ここで、コンピュータが突然、電源断して落ちてしまった場合、ブロッキングしたファイルの一部しか補助記憶装置に書き込まれていなかったり、キャッシュのデータが消えてしまい補助記憶装置のデータに反映されていなかったりすると、ファイルに異常が発生し、ファイルが壊れてしまいます。また、ファイルの管理情報であるディレクトリの情報に齟齬が生じてファイルの記録位置に矛盾が発生し、対象のファイルが無くなったりするだけでなく、削除したときに別のファイルが消えたりすることがあります。これがシャッ

トダウン処理をせずにコンピュータを止めてはいけない理由の1つです。

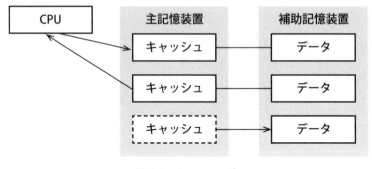

図4-8　キャッシング

4.9　記憶管理

4.9.1　実記憶管理

　コンピュータがプログラムを実行するときには、補助記憶装置から主記憶装置にプログラムを読み込みます。読み込みのことを**ロード**とよびます。主記憶装置のメモリ容量は補助記憶装置の容量に比べ非常に小さいため、プログラムの実行に合わせてメモリ空間上の記憶域を確保し、実行が終わると解放するという処理を実行します。このとき、特にマルチプログラミングを実行している場合は主記憶装置へプログラムを効率的に配置しないとメモリの利用効率が悪くなります。オペレーティングシステムでは、**記憶管理**としてプログラムのロードを管理します。記憶管理は**メモリ管理**ともよばれます。

（1）区画方式
　記憶管理の方法はオペレーティングシステムの発展とともに進化してきました。最も基本的な記憶管理方法は、メモリ空間を分割してそれぞれのジョブに対して**区画**（Partition）を割り当てる方法で**区画方式**とよばれます。ジョブごとに割り当てられた区画のみにアクセスでき、他のジョブが使用する

区画にはアクセスできないようにしてメモリを意図しないアクセスから守ります。このことを**メモリ保護**とよびます。

　単一区画方式では区画は1つだけ用意されており、1つのジョブが占有してプログラムやデータを配置します。**多重区画方式**はマルチプログラミングに対応した方式で、複数のジョブが使用するメモリ領域として図 4-9 のように一定の大きさに区切った区画それぞれを割り当てます。これらの方式は固定サイズの区画を用いるため、**固定区画方式**とよばれます。多重区画方式での区画の大きさは固定されているため、メモリをあまり使用しないジョブではメモリの未使用領域が大きくなり、効率的ではありません。

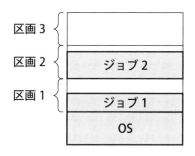

図 4-9　多重区画方式

　そこで、ジョブごとに必要とするメモリ領域に合わせた可変サイズの区画を動的に割り当てる**可変区画方式**が用いられるようになりました。図 4-10 ではジョブ2の実行が終了し、空いたメモリ領域に新たにジョブ4向けの区画4が割り当てられた場合を示していますが、ジョブごとに使用するメモリサイズが異なるので再割り当て時に小さな空きメモリ領域が発生します。隣接するメモリ領域はまとめて再利用できますが、離れたところに小さなメモリ領域が多数発生するとメモリ使用効率が悪くなります。この現象は**フラグメンテーション**（Fragmentation）、あるいは**断片化**とよばれます。

　フラグメンテーションを解消するために、使用している区画を整理しメモリ空間の先頭から割り当て直す**メモリコンパクション**（Memory Compaction）

が行われます。これにより、再度大きなメモリ領域が確保でき、メモリ領域不足でロードできなかったプログラムがロードできるようになります。このとき実行中のプログラムはメモリ空間上で再配置されますので、プログラムが参照するデータのアドレスは相対的に記述されている必要があります。

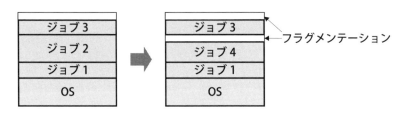

図 4-10　可変区画方式

（2）オーバレイ方式

　プログラムは主記憶装置上のメモリにロードされて実行されるため、プログラムのサイズはメモリサイズが上限になっていました。大きなプログラムは、**サブルーチン**または**関数**、あるいはこれらを組み合わせた**モジュール**とよばれる複数のサブプログラムで構成されていて、それらの一部が選択されて独立に動作するため、必ずしもプログラム全体をロードする必要はありません。この特徴に着目して、プログラムを**セグメント**とよばれる単位に分割して、必要となるセグメントだけをロードして動作させる**オーバレイ方式**が実現されました。

　例えば、図 4-11 のようにプログラムがセグメント A〜F に分割できたとします。セグメント間の線は依存関係を示していて、セグメント A からセグメント B とセグメント C が呼び出され、セグメント D はセグメント B から、セグメント E と F はセグメント C から呼び出されて動作します。ここでセグメント A は主記憶装置に常駐する主プログラムで、ルートセグメントとよばれます。主記憶装置へのロードは、セグメント A 以外のセグメントは呼び出されたときだけロードされ、動作が終了すると主記憶装置からは解放されます。セグメント D が動作するときには、セグメント A、B、D は同時にメイ

ンメモリ上に存在する必要がありますが、C、E、F はロードされません。同様にセグメント E が動作するときには、セグメント A、C、E だけが主記憶装置にロードされます。このように一部のセグメントだけをロードすることによって、プログラム全体の容量は 200KB ですが、メモリ使用量は最大でも 100KB で収まります。オーバレイ方式でメモリ容量を超える大きさのプログラムを動作させることができますが、セグメントの設計が重要になります。

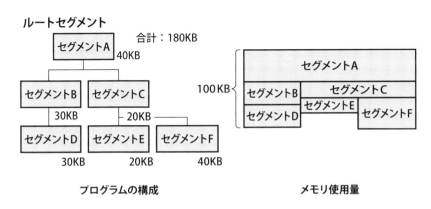

図 4-11　オーバレイ方式でのメモリ使用量

（3）スワッピング方式

　タイムシェアリングシステム (TSS) で開発された**スワッピング方式**では、端末からの入力待ちといった CPU で実行されていない処理を行っている優先度が低いプログラムをいったん補助記憶装置に退避し、優先度の高いプログラムを主記憶装置にロードする**スワッピング**を行います。プログラムを補助記憶装置に退避させることを**スワップアウト**、いったん退避させたプログラムをロードすることを**スワップイン**とよびます。スワッピングには時間がかかるため、スワッピングが多く発生するとレスポンスタイムが悪化します。

4.9.2　仮想記憶

　ここまでは主記憶装置上のメモリだけを用いる実記憶管理の方式について説明しましたが、これらの方式にはメモリ容量の限界による制約がありました。ここからは制約を解決する方式として、主記憶装置と補助記憶装置を用いた**仮想記憶**について説明します。

　主記憶装置上のメモリを一定の小さなページとよばれる単位に分割し、要求に従って任意の未割り当てのページを割り当てる方式を**ページング方式**とよびます。ページング方式では実際のメモリ空間である**物理アドレス空間**に加えて、プログラミングで利用可能な**論理アドレス空間**を用います。論理アドレスと物理アドレスの対応には**動的アドレス変換機構**（DAT：Dynamic Address Translator）を用います。メモリ領域はページ単位で必要なページ数分を確保されますが、物理アドレス上、離れたメモリ領域であっても、論理アドレス上は連続したメモリ領域として確保できます。この方式ではページ単位でメモリ確保するため区画内で無駄に確保するメモリ領域をページサイズよりも小さくでき、またフラグメンテーションを発生させません。さらに、論理アドレス空間にある全てのページを必ずしも物理アドレス空間に割り当てず、必要となったときだけに割り当てることにより、大幅にメモリ空間を拡張することができるようになります。この仕組みが**仮想記憶**です。

　論理アドレス空間で参照されたページが物理メモリ空間に読み込まれていない状態を**ページフォールト**（Page Fault）とよびますが、ページフォールトが発生したタイミングでページフォールト割込みにより、物理アドレス空間でページをロードする**ページイン**（Page In）を行います。ページの状態を把握するため、図 4-12 のように DAT で管理するアドレス変換テーブルでは物理アドレス空間に割り当てられていないページにはページフォールトフラグが立てられます。

　ページフォールトが発生したタイミングで物理アドレス空間に割り当て可能な空きページがないと、実記憶から不要なページを解放する必要があります。この処理を**ページアウト**（Page Out）とよびます。ページアウトされた

ページは補助記憶装置上に**ページングファイル**（Paging File）として保管されます。ページングファイルは**スワップファイル**（Swap File）ともよばれ、通常のファイルと区別するため専用のパーティションであるスワップ領域に記録されます。

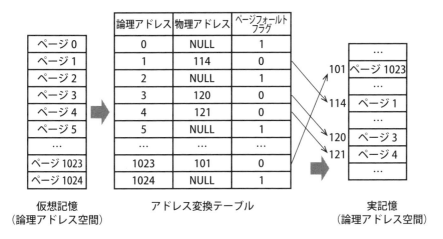

	論理アドレス	物理アドレス	ページフォールトフラグ
ページ0	0	NULL	1
ページ1	1	114	0
ページ2	2	NULL	1
ページ3	3	120	0
ページ4	4	121	0
ページ5	5	NULL	1
...	...	...	...
ページ1023	1023	101	0
ページ1024	1024	NULL	1

仮想記憶　　　　　　アドレス変換テーブル　　　　　　実記憶
（論理アドレス空間）　　　　　　　　　　　　　　　　（論理アドレス空間）

図 4-12　動的アドレス変換機構による対応付け

ページの入れ替えは**ページング**とよばれ、**ページリプレイスメントアルゴリズム**（Page Replacement Algorithm）に基づき行われます。おもなページリプレイスメントアルゴリズムとして以下のようなものがあります。

● FIFO（ファイフォ：First In First Out）**方式**：最も古くページインしたページから順にページアウトする（一番新しくページインしたページが最後に取り出される）

● LRU（Least Recently Used）**方式**：最も長い時間参照されなかったページからページアウトする

● LFU（Least Frequently Used）**方式**：最も参照頻度が少なかったページからページアウトする

図 4-13 は FIFO 方式でのページングの例を示したものです。簡単のため、

ここでは実記憶のページ枠が3つとしています。ページフォールトが発生したときに空き枠がないと最も古くページインしたページがページアウトされます。グレーの枠はページフォールト後にページインしたページを示しています。

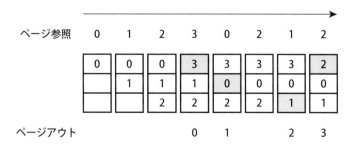

図 4-13　FIFO 方式によるページング

　ここで、仮想記憶に対して実記憶のメモリ容量が小さすぎるとページフォールトの発生頻度が大きくなり、ページング動作が多発することでコンピュータの性能が極端に低下することがあります。この現象を**スラッシング** (Thrashing) とよびます。

　仮想記憶の方式として、ページング方式の他に**セグメント方式**があります。セグメント方式では、メモリ確保する領域を論理的なまとまりである**セグメント**を単位とします。動作はページング方式と同様に、セグメント単位で実記憶にロードします。セグメント方式ではセグメントの移動を**ロールイン** (Roll In)、**ロールアウト** (Roll Out) とよびます。セグメントは可変長のため、フラグメンテーションが発生することがあります。またセグメント方式とページング方式を組み合わせた**セグメントページング方式**もありますが、これはセグメントをページ単位で管理する方式です。

問題 4-2

仮想記憶方式のコンピュータにおいて、実記憶に割り当てられるページ数は 3 とし、追い出すページを選ぶアルゴリズムは、FIFO と LRU の二つ考える。あるタスクのページアクセス順序が

1, 3, 2, 1, 4, 5, 2, 3, 4, 5

のとき、ページを置き換える回数の組合せとして、適切なものはどれか。

	FIFO	LRU
ア	3	2
イ	3	6
ウ	4	3
エ	5	4

(出典:平成 29 年度 春期 基本情報技術者試験 午前 問 19)

4.10 運用管理

コンピュータの電源を入れてシステムを起動してからシステム終了するまで、また日々の運用を行ううえで必要となる機能をオペレーティングシステムが提供します。システム起動時にはカーネルを立ち上げ、システムの初期化プロセスを実行します。終了時には全てのプロセスを終了し電源を切っても問題ない状態にします。

コンピュータを用いるときにユーザはログインをすることにより**認証**を受けます。ユーザごとにシステムを使用する権限やファイルにアクセスする権限などの**権限**が付与され、その範囲内でコンピュータを操作することができます。オペレーティングシステムはこのような機能をユーザ管理として提供します。ユーザ管理により、認証されていないユーザからの不正アクセスを

防止するだけでなく、ユーザごとにカスタマイズした操作環境を提供できます。

　セキュリティの観点では、コンピュータの稼働状況やアクセス状況を随時レポートし、**ログ**として記録する**ログ管理**の機能もあります。ログはファイルとして保管されるので、障害発生の確認や不正アクセスのチェックなどに用いることができます。

　コンピュータを運用しているときに、複数のソフトウェアがコンピュータのリソース（メモリ、ファイル、ネットワークなど）を奪い合い、動作が非常に遅くなったり、正常に動作しなくなったりすることがあります。この状態を**ソフトウェアの競合**とよびます。これは複数のソフトウェアで同じリソースを必要とするイベントが同時に発生し、予期していない依存が起こった状態です。ファイルシステムではファイルロックをすることにより1つのソフトウェアが操作しているときは他のソフトウェアが操作できないようにして、競合を回避します。またネットワークやメモリの割り当てでは、ソフトウェアの実行権限を制御して、優先権を与える方法があります。

　パソコンで競合によってソフトウェアが正常に動作しなくなったときには、そのソフトウェアを**再起動**（リブート）することが有効です。コンピュータ全体に波及しているときはコンピュータを再起動します。再起動しても正常な動作をしないときには、ソフトウェアの依存関係を見直し、直らない場合はオペレーティングシステムを含めて最初からインストールし直す**クリーンインストール**を行わねばならないことがあります。

4.11　障害管理

　オペレーティングシステムは、コンピュータ上で発生した異常を検知したり、発生した障害から回復したりする機能を提供します。また障害発生時を検知したときに、前述のログを出力することで後の解析に役立てることができます。障害はハードウェアの故障によるもの、ソフトウェアの**バグ**によるもの以外にも、災害の発生によって突然発生する電源系の異常や通信障害に

よる動作異常など、さまざまなケースがありますが、それぞれに対して被害を最小限にとどめるような機能も実現されます。

4.12　通信管理

　近年のコンピュータは単独で動作するスタンドアローンではなく、ネットワークに接続して他のコンピュータと通信して処理を行う形態で動作することがほとんどです。インターネットが普及する前は、パソコンでは通信機能はアプリケーションの通信ソフトウェアが受け持っていましたが、現在ではオペレーティングシステムの機能として通信管理を行います。**IPネットワーク**へ接続し、**TCP/IP** により通信を行うことが一般的です。

4.13　ユーザインタフェース

　コンピュータとユーザがやり取りするためのハードウェアである入出力装置は**マンマシンインタフェース**（**HMI**：Human Machine Interface）もしくは**ヒューマンインタフェース**（Human Interface）とよばれています。ソフトウェアで実現する**ユーザインタフェース**（**UI**：User Interface）は、コンピュータとユーザのインタフェースで、ユーザがデータを受け取ったり入力したりする仕組みのことです。厳密にはオペレーティングシステムで提供されている機能ではなく、オペレーティングシステムとユーザが対話するための仕組みであるアプリケーションとして提供されていますが、パソコンのオペレーティングシステムはUIと一体化しています。

　ユーザインタフェースにはおもに **CUI**（Character User Interface）と **GUI**（Graphical User Interface）があります。図 4-14 は AlmaLinux のコンソール画面で、CUI の一例です。キーボードを用いて文字だけでユーザとコンピュータは対話します。行単位でユーザがコマンドを入力し、それに対して次の行からコンピュータがコマンドの実行結果を表示します。

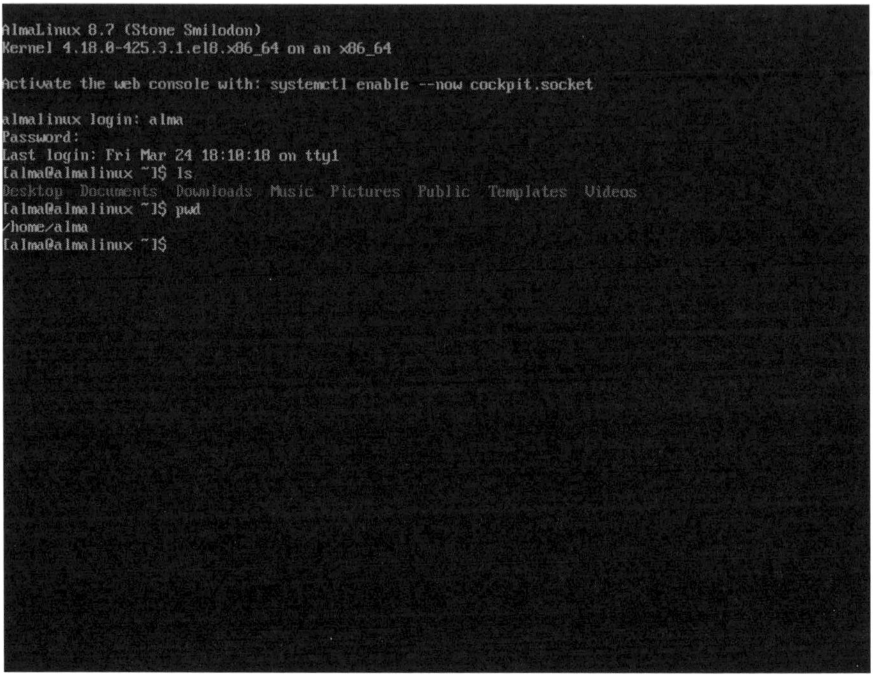

```
AlmaLinux 8.7 (Stone Smilodon)
Kernel 4.18.0-425.3.1.el8.x86_64 on an x86_64

Activate the web console with: systemctl enable --now cockpit.socket

almalinux login: alma
Password:
Last login: Fri Mar 24 18:10:18 on tty1
[alma@almalinux ~]$ ls
Desktop  Documents  Downloads  Music  Pictures  Public  Templates  Videos
[alma@almalinux ~]$ pwd
/home/alma
[alma@almalinux ~]$
```

図 4-14　CUI の例

　CUI でコンピュータとの対話の仕組みを提供しているのが**シェル**（Shell）というソフトウェアです。シェルはユーザとカーネルの間にあって、カーネルの殻のような存在であることから、その名前が付いています。**コマンドラインインタプリタ**（CLI：Command Line Interpreter）として動作し、ユーザから入力されたコマンドを解釈してカーネルの機能を呼び出し、処理結果をユーザに返却します[9]。Windows の PowerShell や macOS のターミナルで用いられている zsh（Z shell）がシェルの例です。

　一方、GUI はディスプレイ上のカーソルをマウスで動かして、適宜キーボードで文字入力するユーザインタフェースです。図 4-15 は AlmaLinux の GUI の例です。UNIX 向けに開発された X Window が Linux でも用いることができます。

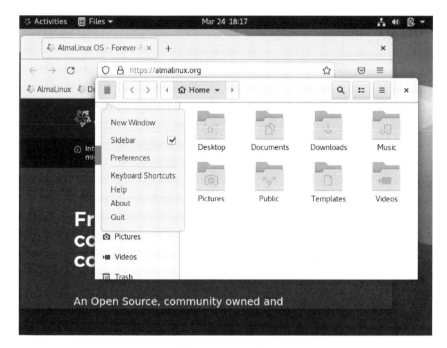

図 4-15　GUI の例

　GUI の画面上には複数のウィンドウが表示でき、それぞれのウィンドウを用いて動作しているソフトウェアの画面やメニューの画面が表示されます。マルチプログラミングを実行するオペレーティングシステムではウィンドウを切り替えることで、複数のソフトウェアに対するユーザの操作を切り替えることができます。**デスクトップ環境**をユーザに提供する GUI は**グラフィカルシェル**と位置づけられます。

　表 4-1 は CUI と GUI の違いをまとめた表です。パソコンでは、日常的に GUI が用いられていますが、専門的な操作を行うときには CUI を用いることがあります。

表 4-1　CUI と GUI の違い

	CUI	GUI
操作方法	キーボードから文字を入力	マウス等で画面上のアイコンやメニューを操作
操作性	シンプルな行単位の入力応答 専門知識が必要で技術者向け	直観的な画面遷移による応答 初心者でも扱いやすい
作業の記録、共有	容易	仕掛けが必要
リソース	性能が低いハードウェアでも動作	CPU やメモリ等のリソースが必要
自由度	低い	高い
使用されている機器例	ネットワーク機器（ルータ、スイッチ等）	カーナビ、医療機器

　ユーザインタフェースはコンピュータへのユーザからの情報入力を行うため、入力を促す**入力勧誘**の役割があります。入力勧誘としては、利用できる処理の一覧を表示する**メニュー**、メニューやメッセージを図柄で記号表現した**アイコン**があります。またキーボードからの入力待ち状態を知らせる**プロンプト**は CUI でも用いられています。キーボードからの文字入力位置を示すマークは**カーソル**とよばれます。またマウスのポイント位置を示すマークは**マウスカーソル**、あるいは**マウスポインタ**とよばれ、文字入力用のカーソルとは区別して用いられます。

　最近では、音声認識技術を用いた **VUI**（Voice User Interface）が活用されています。VUI はマイクロフォンからの音声入力によって動作します。スマートスピーカでの音声アシスタントとの対話やスマートフォンでの音声による文字入力に用いられており、コンピュータとの自然な対話を目指しています。

5. 言語プロセッサとプログラムの実行

5.1 言語プロセッサ

5.1.1 アセンブラ

　アセンブラ（Assembler）は、低水準言語である**アセンブリ言語**で作成されたプログラムを**オブジェクトコード**（Object Code）である**機械語**に変換するソフトウェアです。機械語は 0 と 1 からなるビットパターンである**オペコード**（Operation Code）をコンピュータの命令として割り当てたもので、CPUを中心にハードウェアの仕様に大きく依存しており、コンピュータごとに異なります。アセンブリ言語は機械語と 1 対 1 対応しているため、アセンブリ言語および変換処理を行うアセンブラもコンピュータごとに異なるものが用いられます。

　アセンブリ言語では、1 行ごとに**ニーモニック**（Mnemonic）とよばれる命令コードとその引数にあたる**オペランド**（Operand）を記述します。ニーモニックは、コンピュータへの命令を 2 進数で表現する機械語のオペコードに対応します。命令として、CPU 内部の記憶素子である**レジスタ**や主記憶の**アドレス**を用いて、計算処理を実行できます。

　ここで、2001 年から 2022 年まで基本情報技術者試験の出題に用いられていたアセンブリ言語 CASL II を用いて説明します。CASL II が対応している仮想コンピュータ COMET II は以下のような仕様[38]です。レジスタは CPU内の記憶回路で計算処理に用います。

- 1 語（1 ワード）は 16 ビット
- 主記憶容量は 65536 語、アドレスは 0〜65535（0x0000〜0xFFFF）番地
- 数値は 16 ビットの 2 進数で表現し、負数は 2 の補数表現
- 逐次制御（命令を 1 つずつ順番に処理）で、命令語は 1 語長もしくは 2 語長
- レジスタとして以下の 4 種類を用いる
  - 汎用レジスタ GR（General Register）：GR0〜GR7 の 8 個を演算に利用
  - スタックポインタ SP（Stack Pointer）：スタック最上段のアドレスを保持（スタックについては、6.2.4 項で説明します）
  - プログラムレジスタ PR（Program Register）：次に実行すべき命令語の先頭アドレスを保持
  - フラグレジスタ FR（Flag Register）：OF（Overflow Flag）、SF（Sign Flag）、ZF（Zero Flag）の 3 ビットで、条件付き分岐命令で参照
- 論理加算又は論理減算は、符号のない数値とみなす

　図 5-1 はアセンブリ言語のプログラム例（CASL II プログラムの例[38] より引用、追記）です。プログラムは 1 行ごとに命令が記述されており、左の列からラベル、命令コード（ニーモニック）、オペランドが空白を挟んで記載され、; の後はコメントが記載されます。行頭から ; に続き、コメントを記載することもできます。このプログラムでは入力された語のビットパターンから 1 のビットの個数を求めます。

　順を追って、プログラムの動作を説明します。①の PUSH 命令はレジスタ GR1 と GR2 のデータをスタックに退避します。この処理によって、プログラム中で GR1 と GR2 を自由に扱えるようになります。GR1 の初期値は入力された語であり、プログラムではこのビットパターンの 1 の数を数えていきます。

図5-1　アセンブリ言語のプログラム例

　②のSUBA命令は、オペランドの1つ目から2つ目のデータを算術減算します。ここではGR2を1のビット数を数えるカウンタとして用いるため、減算により0にします。機械語での実行効率を考慮して、代入の代わりに減算で実行します。

　③のAND命令は続くJZE命令のフラグを立てるための命令です。GR1どうしでの演算では、GR1の全てのビットが0のときに論理積は0となり、計算結果が0のときにフラグZFは1となります。この動作をフラグを立てるといいます。JZE命令は、ZFが1のとき⑦のRETURNまでジャンプし、ZFが0のときは次の行に進みます。

　④のLAD命令は、1つ目のオペランドのレジスタに2つ目と3つ目の値の和を代入します。1のビットが見つかったときGR2の値を1つ増やします。

　⑤では、一番右に存在する1のビットを0に変える処理を実行します。

LAD 命令では、GR0 に GR1 から 1 を減じた値を代入しています。続く AND
命令によって、GR1 と GR0 の論理積を GR1 に代入すると図 5-2 のように GR1
の一番右の 1 が 0 に変わります。なお、AND 命令の結果 GR1 の全てのビッ
トが 0 になったら、ZF が立ちます。

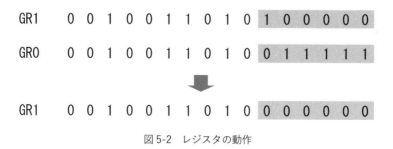

図 5-2　レジスタの動作

　⑥の JNZ 命令は、ZF の値、すなわち⑤の AND 命令の結果が 0 でなかった
ら④の MORE にジャンプする命令です。④〜⑥は、GR1 のビットが全て 0
になるまで繰り返し実行されます。

　⑦では GR2 を使って数えた GR1 の 1 のビットの数を GR0 に代入します。
プログラムの最後の⑧で POP 命令によってスタックに退避したデータを
GR1、GR2 に戻します。プログラム終了時には、GR0 に GR1 の 1 のビットの
数が入り、GR1 と GR2 はプログラム実行前の値に戻ります。

5.1.2　コンパイラ

　コンパイラ（Compiler）は高水準言語で記述されたプログラムである**ソー
スコード**（Source Code）をオブジェクトコードの機械語に翻訳するソフトウ
ェアです。コンパイラは以下の手順を通してソースコードからオブジェクト
コードを生成します。この変換処理を**コンパイル**（Compile）とよびます。

● **字句解析**：ソースコードを字句に分割
● **構文解析**：字句を解析して解析木を生成

- ● **意味解析**：記号表を作成し、型を検査
- ● **コード最適化**：中間コードを効率のよいものに改良
- ● **コード生成**：中間コードからオブジェクトコードを生成

　コンパイル処理は大きく 2 つの段階に分かれ、字句解析、構文解析、意味解析までの処理でソースコードのテキストを解析して、プログラムの実体を抽出します。コード最適化、コード生成の処理でオブジェクトコードを生成します[39]。

（1）字句解析

　プログラミング言語は形式言語として、構文と意味を有しています。**構文**は言語を構成する文の構造のことで、プログラミング言語では命令や式の表現方法にあたります。**字句解析**ではソースコードを意味のある最小単位である**字句**（**トークン**：Token）の列に区切る処理を行います。字句は自然言語の単語にあたります。字句には変数名や関数名などの名前として用いる識別子や演算子、定数、予約語などがあります。

　字句の構文は例えば以下のように表現できます。これを**字句規則**とよびます。

識別子 ::= 英字 ｜ 識別子 英数字

英数字 ::= 英字 ｜ 数字

　この表記は**バッカス・ナウア記法**（BNF：Backus-Naur Form）であり、::= で区切られた左辺の構成要素は右辺の構成で展開されます。｜ は「もしくは」を意味します。再帰的な記述が許容されるので、ここでは識別子は英字もしくは識別子に英数字が連続するものと定義され、例えば英字から始まる a や ab、a1 といった文字列が識別子となります。この表現は**正規表現**でも表すことができ、

識別子 ::= 英字 (英字 ｜ 数字)*

と書くこともできます。* は 0 個以上の繰り返しを意味します。

　字句を解析するために数学モデルの**有限オートマトン**を用います。有限オートマトンは入力に対して定義された**状態遷移**に基づき、正しい遷移をした入力文字列を受理します。例えば、識別子の字句規則を受理する有限オートマトンの**状態遷移図**は図5-3にように表せます。この図では入力開始時は状態iで英字が入力されると状態fに移ります。その後、英字もしくは数字が入力されると状態fに繰り返し戻ります。二重丸の状態が最終状態であり、英字もしくは数字で入力が終わると識別子として受理されます。

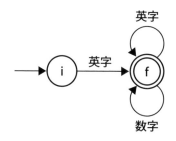

図5-3　識別子を受理する状態遷移

（2）構文解析

　構文解析では字句からなる記号列の文法構造を調べます。プログラムの構文は**構文規則**によって定められており、一例をBNFで表現すると、

　　　式 ::= 項 | 式 算術演算子 項

のように表せます。例えば、a、a+b、a-1 などが式となります。またこれを**構文図**で表現すると図5-4のようになります。構文図では矢印で構文を表現します。

図5-4　式を表す構文図

構文解析では複雑な**構文規則**に基づき、解析結果として**解析木**を生成します。例えば、a*(b+c)という式に対する解析木は図 5-5(a)のようになります。また、**構文木**で表現すると図 5-5(b)のようになります。構文木では、解析木と演算子の位置が異なり、括弧が不要になります。なお、木構造については、6.2.7 項を参照してください。

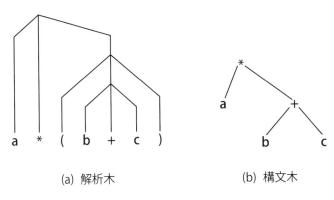

(a) 解析木   (b) 構文木

図 5-5　解析木と構文木

構文木をできるだけ深く探索する深さ優先順の後行順序でたどると、**逆ポーランド記法**で数式を表せます。逆ポーランド記法は演算子を後ろに記述する後置記法で、a*(b+c)は、abc+*と表現されます。逆ポーランド記法の順に**スタック**（6.2.4 項参照）に式を入れて評価すれば値を得ることができます。そのためコンピュータの内部表現として用いられます。

（3）意味解析

ソースコードで表現される識別子は、変数名、関数名などを表しています。**意味解析**では、識別子の宣言に従って、綴り、変数や関数といった種別、型などを**記号表**（Symbol Table）に有効範囲ごとに登録します。また、プログラム上の各場所において、型の整合性規則が守られていることを検査します。

（4）コード最適化とコード生成

字句や解析木、構文木などで表現されたプログラムは**中間コード**とよばれます。中間コードでは、ソースコードの表現をそのまま用いているため、機械語にそのまま変換すると非効率なコードになります。そこで、実行効率を向上するためのコード最適化を行います。**コード最適化**では、共通する式や不要となるコードを除去したり、コードを移動したりすることで計算効率を向上します。

最適化された中間コードから、機械語へ翻訳する際には、命令の選択、番地指定、レジスタ割り当て、評価順序などを考慮して、オブジェクトコードが生成されます。

5.1.3　コンパイラの応用

コンパイラの応用として、別のコンピュータ向けのプログラムをコンパイルする**クロスコンパイラ**（Cross Compiler）があります。クロスコンパイラは、例えば、スマートフォンや組込み機器など、低スペックでコンパイラを持たない機器向けのオブジェクトコードの開発や、複数プラットフォームで用いられるプログラムの開発、新しく開発されたハードウェア向けのソフトウェア開発などで用いられます。特に**カナディアンクロス**（Canadian Cross）という手法を用いれば、図 5-6 のような手順で、クロスコンパイラを持たないマシン B 向けのクロスコンパイラをマシン A で作成することができます。

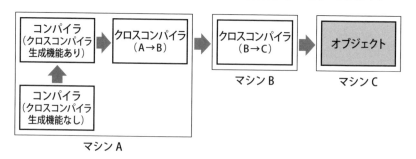

図 5-6　カナディアンクロス

またコンパイラとは逆に、機械語のオブジェクトコードからソースコードを生成する**逆コンパイラ**（デコンパイラ：Decompiler）もあります。完全なソースコードの復元はできませんが、ソフトウェア開発のために利用されます。

5.1.4　インタプリタ

インタプリタ（Interpreter）は、高水準言語で記述されたソースコードを1命令ずつ、そのまま解釈して実行するソフトウェアです。インタプリタではコンパイラと同様にソースコードに対して、字句解析、構文解析、意味解析を行い、対応するコードを実行します。インタプリタではプログラムの部分ごとに実行するので、プログラム作成途中の一部のプログラムでも動作させることができます。開発中のプログラムのバグを早期に発見し、修正後、簡単に再確認することができます。

一方、インタプリタは実行速度が遅いという欠点があります。ソースコードの記述に実行が依存し、例えばループは同じコードを繰り返し評価して実行するため動作が遅くなります。

インタプリタではオブジェクトコードを生成しないため、プログラムの配布はソースコードで行います。そのため、異なるプラットフォームでも同じ言語のインタプリタがあれば、同じソースコードを実行することが可能です。

問題 5-1

Java などのバイトコードプログラムをインタプリタで実行する方
法と、コンパイルしてから実行する方法を、次の条件で比較すると
き、およそ何行以上のバイトコードであれば、コンパイル方式の方
がインタプリタ方式よりも処理時間（コンパイル時間も含む）が短
くなるか。

〔条件〕

(1) 実行時間はプログラムの行数に比例する。

(2) 同じ 100 行のバイトコードのプログラムをインタプリタ
で実行すると 0.2 秒掛かり、コンパイルしてから実行する
と 0.003 秒掛かる。

(3) コンパイル時間は 100 行あたり 0.1 秒掛かる。

(4) コンパイル方式の場合は、プログラムの行数に関係なくフ
ァイル入出力、コンパイラ起動などのために常に 0.15 秒
のオーバヘッドが掛かる。

(5) プログラムファイルのダウンロード時間など、そのほかの
時間は無視して考える。

(出典：平成 23 年度 春期 基本情報技術者試験 午前 問 23)

5.2 プログラムの実行

　アセンブラやコンパイラで生成されたオブジェクトコードは、プログラム
の部分ごとに生成されることがあります。そのようなオブジェクトコードや
あらかじめ汎用的に作成されたライブラリとよばれるコードをまとめ上げ、
実行可能なプログラムを構成するソフトウェアがサービスプログラムに分類
される**リンカ**です。また、補助記憶装置などに記録されたプログラムを主記
憶に読み込み、実行させるソフトウェアを**ローダ**とよびます。ローダはプロ

グラム間の参照関係を解決して主記憶上の適切なメモリ位置にプログラムを
配置します。リンカとローダの関係を図 5-7 に示します。

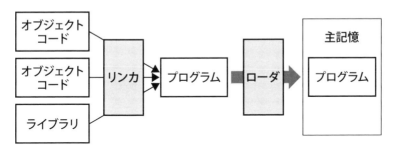

図 5-7　リンカとローダの役割

5.3　プログラムの主記憶への配置

　主記憶ではプログラムを記憶域に配置するとともに、プログラムで用いら
れるデータの記憶域もプログラムの処理に応じて確保します。メモリ管理に
おいて特徴的なプログラムについて説明します。

（1）再入可能プログラム

　プログラム中の関数が別のスレッドやタスクから同時に呼び出されること
があります。同時に呼び出されてもそれぞれの要求に対して正しい結果を返
すプログラムを**再入可能プログラム**（reentrant program）とよびます。再入可
能プログラムは図 5-8 のように、呼び出されるタスクに共通の手続き部とタ
スクごとのデータ部を主記憶上に領域確保するので、タスクごとに異なるデ
ータを用いて処理を行います。

（2）再帰プログラム

　プログラムが自分自身を呼び出すことを**再帰呼び出し**といいます。例えば
階乗計算のように 1 つずつ掛ける値を変えて計算をするプログラムは再帰呼

び出しをすることで簡単に記述できます。ここで、再帰呼び出しをしても正しい結果を返すプログラムを**再帰プログラム**(recursive program) とよびます。再帰プログラムを再帰的に呼び出すときには、図 5-9 に示すようにプログラム内で扱っているデータをいったん退避して記憶しておき、呼び出しが終了したときにそのデータを取り出して処理を継続します。

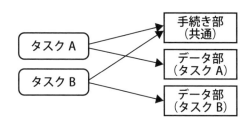

図 5-8　再入可能プログラム

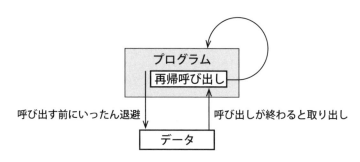

図 5-9　再帰プログラム

（3）再使用可能プログラム

　主記憶に読み込まれたプログラムで、読み込み直しをせずに再度実行できるプログラムを**再使用可能プログラム**（reusable program）とよびます。再使用可能となるためにはプログラム実行に使用したデータが残っていないことが必要です。再入可能プログラムは同時に実行できるので再使用可能プログラムに分類できます。再入可能ではなく、実行終了後に再度実行可能なプログラムは逐次再使用可能プログラムとよばれます。

（4）再配置可能プログラム

　主記憶のどの記憶域に配置しても実行できるプログラムを**再配置可能プロ
グラム**（relocatable program）とよびます。再配置可能プログラムでは、記憶
領域のアドレスを相対位置で表現し、図5-10のように相対アドレスで参照し
ます。再配置可能プログラムは、メモリコンパクションによりプログラムが
配置され直したり、スワッピングにより別のメモリ空間にロードされたりし
たときに、正しく動作させることができます。

図5-10　再配置可能プログラム

6. プログラミング

6.1 変数

6.1.1 変数の種類と扱い

変数はプログラム中で使用するデータを入れておく箱のようなもので、主記憶上に記憶域として確保されます。変数名は変数の名前で、複数の変数を区別して用いることができます。変数にデータを関連付けることを**代入**とよび、変数に値を与えることができます。変数に関連付けられたデータを読み出すことを**参照**とよびます。変数を用いるときには、変数自体を定義する必要があります。この操作を**宣言**とよびます。多くのプログラミング言語では、変数の宣言時に変数に保持するデータの種類である**データ型**も合わせて定義します。データ型には、整数型、浮動小数点型、論理型（1 ビットで True とFalse を表現）、文字型、文字列型などがあります。

変数には、**静的変数**と**動的変数**があります[40]。静的変数は名前とデータ型などの属性で宣言されて、プログラム中の塊であるブロック内で用いられます。プログラム中には変数の**有効範囲**（Scope）があって、特定の関数内だけで用いられる**局所変数（ローカル変数）**と、プログラム全体で用いられる**大域変数（グローバル変数）**があります。また変数には**生存期間**（Life time）があって、変数が生成されてから消滅するまでの期間のことを指します。動的変数はプログラム言語が提供する生成機構を利用して、プログラムの実行中に動的に生成されます。特定の関数内でしか用いない変数はその関数の実行が終了すると破棄され、消滅します。

プログラム中の関数では、変数を引数として渡されて処理を行います。このときに変数の値を渡す方法を**値渡し**、もしくは**値呼び出し**とよびます。一

方で、変数はメモリ空間上の記憶域を指しますがその記憶域のアドレスを関数に渡す方法を**参照渡し**、もしくは**参照呼び出し**といいます。図 6-1 に示すように渡されるものが違うことに注意してください。ここで、変数のアドレスのことを**ポインタ**（Pointer）とよび、ポインタを値として扱う変数を**ポインタ変数**とよびます。ポインタの使い方は 6.2.6 項でリストを例に説明します。

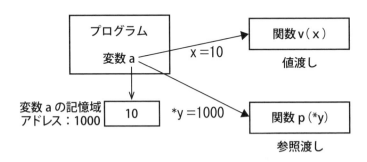

図 6-1　値渡しと参照渡し

6.1.2　動的変数のメモリ確保

　動的変数が使用されると、メモリ領域が確保されます。このメモリ領域を**ヒープ**（Heap）とよびます。ヒープは動的変数が使われなくなると解放されます。ヒープは確保と解放が繰り返し行われると、メモリの解放がうまく行われず、どこからも参照されない**ガベージ**（Garbage）とよばれる領域になることがあります。

　ガベージを再利用するために、記憶域をまとめる処理を**ガベージコレクション**（Garbage Collection）とよびます。ガベージコレクションは不要となったメモリ領域を解放する処理ですが、不要になったメモリ領域が解放されず、システムで利用できるメモリ領域が減少することがあります。この状態を**メモリリーク**（Memory Leak）とよびます。

6.2 データ構造

6.2.1 データ構造とデータ型

プログラミングを行う際にデータの扱い方は重要です。プログラム上ではデータは変数に保持されるともに、モジュール間でやり取りされます。**データ構造**はプログラム上でデータを取り扱う際の形式で、データの本質を抽象化して単純な形式とすることによって効率的なプログラムが作成できます。プログラムは、データ構造とアルゴリズムでできているとも言われるほど重要なものです。データの種類に応じて適切な操作方法を実現するためにもデータ構造を考慮する必要があります。

データ型は、プログラムにおけるデータ構造を示します。データ型には、**単純データ型**、**構造データ型**、**参照データ型**があります[40]。単純データ型は、整数型や文字型など、1つの値を持つ基本データで構成されます。構造データ型は、複数のデータを組み合わせて構成される複雑なデータ構造です。参照データ型は、動的変数を指すポインタの値の集まりをデータ型としてまとめたものです。

ここでは、構造データ型で用いられる代表的なデータ構造について説明します。

6.2.2 配列

配列は、複数のデータ要素を添字で区別して一括で扱うことができるデータ構造です。配列中の要素は同じデータ型を持ちます。添字が1つの配列を**1次元配列**とよび、2つの配列を**2次元配列**とよびます。図6-2は1次元配列と2次元配列の構成とそれぞれの要素を添字で区別する例を示します。ここではaという1次元配列はn個の要素、bという2次元配列はm×n個の要素を持ちます。

1次元配列	a(0)	a(1)	a(2)		a(n-1)

2次元配列	b(0, 0)	b(0, 1)	b(0, 2)		b(0, n-1)
	b(1, 0)	b(1, 1)	b(1, 2)		b(1, n-1)
	b(2, 0)	b(2, 1)	b(2, 2)		b(2, n-1)
	b(m-1, 0)	b(m-1, 1)	b(m-1, 2)		b(m-1, n-1)

図 6-2　配列

　配列の添字の数をさらに増やした 2 次元以上の配列を**多次元配列**とよびます。一般に、配列の要素数は最初に定義したときに決定され、後で変更することはできません。プログラミング言語によってはこの制約から逃れ、要素数に応じて自動的にサイズを拡張する**動的配列**を使えるものもあります。

　添字に文字列のような整数型以外のデータ型を用いる**連想配列**が使えるプログラム言語もあります。

6.2.3　レコード（構造体）

　複数の任意のデータ型の要素を組み合わせたデータ構造を**レコード**（Record）とよびます。**構造体**ともよばれます。レコードでは各要素に名前を付けて、図 6-3 に示すように名前とデータ型を用いて要素を定義します。レコードの要素を参照するときには、名前を用います。

　可変部に複数の要素を定義できる**可変部付きレコード**もあります。可変部付きレコードでは可変部以外の部分は固定部です。

　レコードは他のデータ構造の要素として用いられます。またレコード中の**キー**とよばれる 1 つの要素をそのデータを特定するために用います。キーを使って、データを見つける探索処理（**サーチ**：Search）や、データの並べ替え処理（**ソート**：Sort）ができます。サーチとソートはそれぞれ 6.3.3 項と 6.3.4 項で説明します。

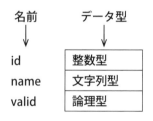

図 6-3　レコード

6.2.4　スタック

　1 次元配列のように、要素が 1 次元に並んでいるデータ構造を**線型構造**と
よびます。線型構造で片方の端で要素を追加、削除することで、要素の数を変
化させることができるデータ構造が**スタック**（Stack）です。図 6-4 はスタッ
クの操作を示したもので、要素は**上端**（Top）で追加、削除することができま
す。逆の端が**底**（Bottom）です。要素としてデータ 1 が追加された後にデー
タ 2 が追加されたとき、データを参照するときには後から追加したデータ 2
から順に取り出します。スタックではデータを取り出す順序が決まっていて、
この順序を **LIFO**（ライフォ：Last In First Out）もしくは **FILO**（ファイロ：First
In Last Out）とよびます。スタックで要素を追加する操作を**プッシュ**（Push）、
要素を取り出す操作を**ポップ**（Pop）とよびます。

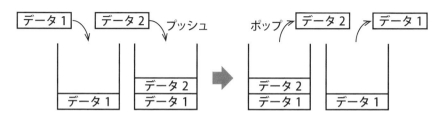

図 6-4　スタック

　スタックは、5.4 節で示した再帰プログラムの再帰呼び出しの際にデータを保管するために用いられます。また Web ブラウザの閲覧履歴で「戻る」ボタンを用いるときや、テキストエディタでのやり直し（Undo）処理で用いられます。

　A，C，K，S，T の順に文字が入力される。スタックを利用して、S，T，A，C，K という順に文字を出力するために、最小限必要となるスタックは何個か。ここで、どのスタックにおいてもポップ操作が実行されたときには必ず文字を出力する。また、スタック間の文字の移動は行わない。

　　　　　　　　　（出典：令和元年度 秋期 基本情報技術者試験 午前 問 8）

6.2.5 キュー（待ち行列）

　キュー（Queue）は線型構造のデータ構造で、図 6-5 のように要素の追加が一方の端で行われ、要素の取り出しが反対の端で行われます。データの出し入れはスタックと異なり、**FIFO**（First In First Out）です。待ち行列ともよばれます。要素の追加は**エンキュー**（Enqueue）、取り出しは**デキュー**（Dequeue）という操作で実行されます。

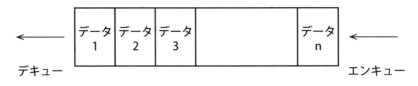

図 6-5　キュー

　キューは、ファイル入出力のデータ転送の順序制御やプリンタなどのジョブスケジューリングに用いられます。また、チケット予約のキャンセル待ちのようなアプリケーションでも用いることができます。

問題 6-2

　空の状態のキューとスタックの二つのデータ構造がある。次の手続を順に実行した場合、変数 x に代入されるデータはどれか。ここで、手続きに引用している関数は、次のとおりとする。

〔関数の定義〕

　　push(y)：データ y をスタックに積む。

　　pop()：データをスタックから取り出して、その値を返す。

　　enq(y)：データ y をキューに挿入する。

　　deq()：データをキューから取り出して、その値を返す。

〔手続〕

　　push(a)

　　push(b)

　　enq(pop())

　　enq(c)

　　push(d)

　　push(deq())

　　x←pop()

（出典：平成 26 年度 春期 基本情報技術者試験 午前 問 7）

6.2.6　リスト

　ポインタは、データの記憶域であるアドレスを示します。**リスト**（List）は、データと次のデータへのポインタの組で各要素を表現するデータ構造です。

　要素間を一方向のポインタで結んだリストは**単方向リスト**です。図 6-6 に
示すように、単方向リストの最後の要素が持つポインタの値には空ポインタ
を示す **NULL**（ヌル）が入り、最後であることが示されます。図では NULL を
斜線で表しています。要素の先頭を指す**先頭ポインタ**（Head）と、最後を指
す**末尾ポインタ**（Tail）が用いられることもあります。

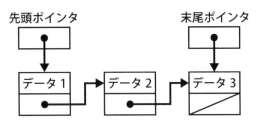

図 6-6　単方向リスト

　ここで、単方向リストで要素を追加するときの操作について考えます。リ
ストの先頭に要素を追加する場合は、図 6-7 のように追加する要素のポイン
タで先頭の要素を指してから、先頭ポインタを追加する要素に変更します。
またリストの最後に要素を追加する場合には、最後の要素のポインタで追加
する要素を指してから、末尾ポインタを追加する要素に向けます。この順序
を誤るとリストの要素を失うことがあります。

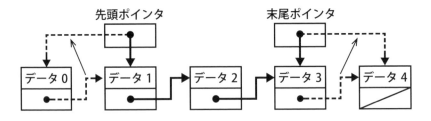

図 6-7　単方向リストでの要素の追加

　単方向リストで先頭の要素を削除するときは、図 6-8 のようにまず先頭か
ら要素をたどり、削除する要素の次の要素を指すように先頭ポインタを変更

します。その後、対象の要素を削除することで処理が完了します。また、最後の要素を削除するときは先頭から要素をたどって削除する要素の手前の要素を指すように末尾ポインタを変更してから、対象の要素を削除します。

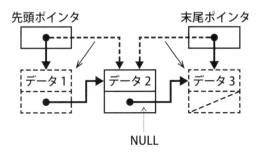

図6-8　単方向リストでの要素の削除

　ここで示した要素の削除と追加の操作は、単方向リストでスタックとキューを表現するときに用いられます。単方向リストでは先頭の要素を操作する方が容易なため、スタックは先頭にデータを追加し、先頭のデータを削除することによって実現します。キューの場合には最後にデータを追加し、先頭のデータを削除することで実現します。

　リストには、最後の要素のポインタを先頭の要素に向けたリストである**循環リスト**（図 6-9）、リストを逆にたどれるように各要素に前の要素へのポインタを付加したリストである**双方向リスト**（図 6-10）もあり、プログラムの用途に応じて用いられます。

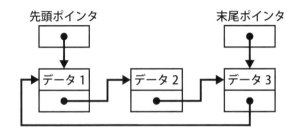

図6-9　循環リスト

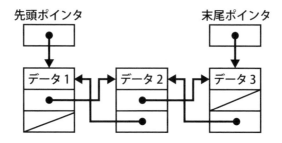

図 6-10　双方向リスト

問題 6-3

双方向のポインタをもつリスト構造のデータを表に示す。この表において新たな社員 G を社員 A と社員 K の間に追加する。追加後の表のポインタ a～f の中で追加前と比べて値が変わるポインタだけをすべて列記したものはどれか。

表

アドレス	社員名	次ポインタ	前ポインタ
100	社員 A	300	0
200	社員 T	0	300
300	社員 K	200	100

追加後の表

アドレス	社員名	次ポインタ	前ポインタ
100	社員 A	a	b
200	社員 T	c	d
300	社員 N	e	f
400	社員 G	x	y

ア　a, b, e, f

イ　a, e, f

ウ　a, f

エ　b, e

(出典：平成 22 年度 春期 基本情報技術者試験 午前 問 5)

6.2.7　木構造

　木構造（Tree）は、データを階層的に表現する木を模したデータ構造で、図6-11に示すように各要素を**ノード**（**節点**：Node）、要素間のつながりを**エッジ**（**枝**：Edge）で表現します。ノードにはレコードのようなデータが与えられます。ノード間には親子関係があり、最上位のノードは**ルート**（**根**：Root）、末端の子がないノードは**リーフ**（**葉**：Leaf）とよばれます。木構造の一部となる木を**部分木**とよびますが、部分木を追加、削除する操作でデータ構成を変更できます。木構造はファイルシステムでディレクトリ構造を表現するときにも用いられます。

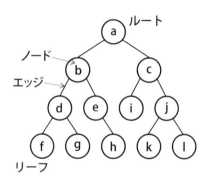

図 6-11　木構造

　よく用いられる木構造で、子ノードが多くとも2つの木は**2分木**とよばれます。また、ルートから全てのリーフまでの高さが等しい2分木を**完全2分木**といいます。2分木を用いるとデータの探索処理であるサーチを網羅的に行うことができます。ルートに近いノードから探索する方法を**幅優先探索**、できるだけ深く探索する方法を**深さ優先探索**とよびます。木構造ではエッジをたどりながら全てのノードを参照します。

　キューにノードを順に入れて、キューの先頭からデータを参照することで幅優先探索をすることができます。まずルートをキューに入れます。キューの先頭からデータを参照しますが、先頭のノードを取り出すときに、取り出

したノードの全ての子ノードをキューに入れます。キューから取り出したノードのデータを順に参照すると、図 6-12 のノードの番号通りの順で探索が行えます。

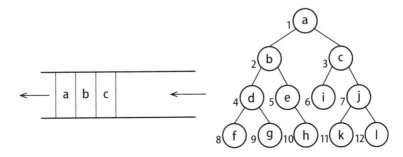

図 6-12　幅優先探索

　スタックを用いると、深さ優先探索ができます。ルートからデータを参照します。データを参照し終えたノードをスタックに入れます。次にスタックからノードを取り出し、そのノードに未参照の子ノードがあればスタックに戻すとともに子ノードのデータを参照してそのノードもスタックに入れます。スタックから取り出したノードに未参照の子ノードがなければスタックに戻さず、次のノードをスタックから取り出して子ノードを確認します。この処理を繰り返すことにより、図 6-13 のようにルートに近い順に深さ優先探索ができます。データを先に参照するので先行順（Preorder Traversal）の処理となります。

　一方で、子ノードを順にスタックに入れてから、スタックから取り出したノードのデータを参照する後行順（Postorder Traversal）の深さ優先探索もできます。この方法では、ルートから順に 1 つの子ノードをスタックに入れていき、入れる子ノードがなくなったらスタックからノードを取り出して、そのノードに未参照の子ノードが他にあるか確認します。子ノードがあればスタックに戻し、子ノードもスタックに入れます。子ノードがなければデータを参照し、スタックから取り除きます。この方法で、リーフに近い順の深さ優先探索ができます。

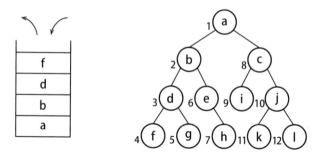

図 6-13　先行順の深さ優先探索

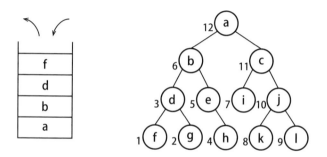

図 6-14　後行順の深さ優先探索

　2 分木で左右の子ノードを区別して考え、任意のノードのデータ値が d_n のときに、そのノードの左の子ノードのデータ値 d_l と右の子ノードのデータ値 d_r に

$$d_l < d_n < d_r \qquad (6\text{-}1)$$

の関係が成り立つ図 6-15 のような 2 分木を **2 分探索木**とよびます。

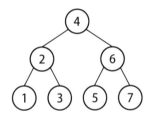

図 6-15　2 分探索木

　2 分探索木を用いるとデータの探索効率がよくなります。目的のデータが存在するか調べるときにルートから順にノードのデータと照合し、ノードのデータが大きければ左の子ノード、小さければ右の子ノードをたどって照合を繰り返すと、最悪でも木の高さの回数で目的のデータが見つかります。

　探索効率を高めた木には、どのノードの左右の部分木の高さの差が 1 以下という条件を満たす **AVL木**（Adelson-Velskii and Landis' Tree）があります。AVL 木では左右の平衡が保たれるので探索の回数が安定しますが、部分木を追加、削除するごとに木の全体構成を変更する必要があります。また、**B木**（B-tree）は AVL 木を 2 つ以上の子ノードを持つことができるように拡張した木で、データを追加、削除しても木の構成を変える必要はありません。

ノード

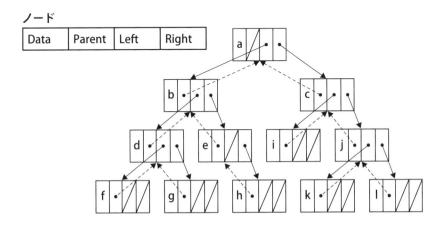

図 6-16　リストを用いた 2 分木

　2分木はリストを使って表すことができます。例えば、各ノードをリストの要素としてデータと親ノードを指すポインタ、左右の子ノードを指すポインタで構成すれば、図6-16のように木を表現できます。

問題 6-4

　2分探索木になっている2分木はどれか。

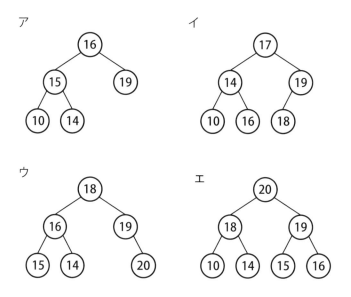

(出典：平成28年度 秋期 基本情報技術者試験 午前 問6)

6.2.8　グラフ構造

　グラフ構造（Graph）は、ノードとノードを結ぶエッジからなるデータ構造ですが、ノードに親子関係はありません。木構造はグラフ構造の1つと考えられます。図6-17はグラフの例です。ノード間の関係性としてエッジに方向性を持つグラフを**有向グラフ**、持たないグラフを**無向グラフ**といいます。

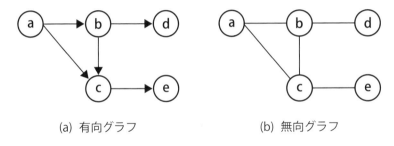

(a) 有向グラフ　　　　　　　(b) 無向グラフ

図 6-17　グラフ構造

　グラフ構造は電気回路や道路網、情報ネットワークなどのネットワークを表現するのに用いられます。グラフ構造では、エッジをたどることでノード間の経路を参照できます。エッジにも距離や流量などの値を割り当てることで、経路の距離や経路を流れる水量などを求めることができます。

　またグラフ構造を用いて**状態遷移**を表現します。状態遷移とは、入力値と内部状態に基づき次の状態と出力が決まるモデルです。コンピュータの単純な動作は状態遷移に基づいていて、この特徴は**順序機械**とよばれます。状態遷移を有向グラフで表すと図 6-18 のように表現できます。この図を**状態遷移図**とよびます。ここではエッジに入力値と出力値を与えています。例えば、状態 A のときに 1 が入力されると 1 を出力して状態 A に移り、0 が入力されると 1 が出力されて状態 B に移ります。同じ状態遷移を表 6-1 のように**状態遷移表**で表すこともできます。

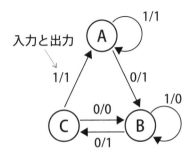

図 6-18　状態遷移図

表 6-1　状態遷移表

		入力	
		1	0
状態	A	A1	B1
	B	B0	C1
	C	A1	B0

6.3 アルゴリズム

6.3.1　アルゴリズムの考え方

　アルゴリズムは、処理を行ううえでの処理の進め方を示したもので、計算可能な問題に対しては解を求めることができ、解がない場合にはそれが確かめられることが求められます。例えば、アルゴリズムを元にしてプログラムを記述し、コンピュータに指示することで処理が実行できます。アルゴリズムを表現するのに言葉で具体的に説明しても構いませんが、図形を使って処理の流れを示すフローチャートを用いることができます。アルゴリズムは 6.2 節で説明したデータ構造を適切に用いることで効率化できたり、単純化できたりします。

　一般にアルゴリズムの実行時間を時間的複雑さと捉えて、処理するデータ量からなる問題の大きさを使って関数で表します。データ量が n のとき、複雑さは n の関数として $O(n^2)$ や $O(n\log n)$ のように表せます。$O(n^2)$ では計算量がデータ量の2乗に比例することを示します。この複雑さを**オーダ**とよびます。ここでオーダの計算をするときには係数を除いた最高次の項だけを用い、効率の指標として扱います。

6.3.2 フローチャートと NS チャート

　図形でアルゴリズムを表現するときに用いる、フローチャートと NS チャートについて説明します。

（1）フローチャート

　フローチャートはアルゴリズムの各ステップを記号で表現し、流れを線や矢印で表します。フローチャートは日本産業規格でも JIS X 0121[41] に規定されています。フローチャートはアルゴリズムを表現したり、プログラムを記述したりするときだけでなく、業務フローを表現するときにも用いられます。フローチャートでよく用いる記号を図6-19に示します。

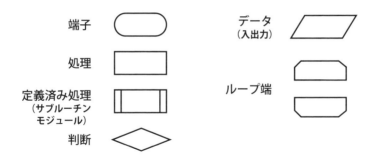

図 6-19　フローチャートで用いる記号

　端子はアルゴリズムの開始と終了を示します。**処理**は任意の処理を表す記号です。**定義済み処理**はサブルーチンやモジュールのように別に定められた処理を示します。**判断**は1つの入口と複数の出口を持ち、条件に基づいて1つの出口を選ぶ機能を表します。**データ**は一般的なデータの入力や出力をするときに用います。**ループ端**は繰り返し処理の開始と終了を示す記号の組で表現します。記号の形で機能を識別し、それぞれの記号の中に機能を理解するのに必要最低限の具体的な機能を記述して処理を明確化します。フローチャートでは処理の流れを上から下、左から右に流れるように線で示します。流

れの向きが異なるときや明示するとき、強調するときには矢印を用います。

　アルゴリズムの中で順に逐次実行する処理を**順次処理**といいます。順次処理の例をフローチャートで表したものが、図 6-20 です。ここでは、a という変数に 3 を代入し、次に b という変数に 5 を代入しています。その後、a と b の加算結果を変数 c に代入して処理を終えています。

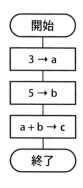

図 6-20　順次処理

　分岐処理は、条件に基づいて次に異なる処理を実行させる処理です。図 6-21(a)、(b)は変数 a と 0 を比較する条件に基づいて、異なる処理 A もしくは処理 B を実行します。図 6-21(c)は変数 a の値に応じて、処理 A～D のいずれかを実行します。

　反復処理は、条件が満たされているときに繰り返しループ内の処理を実行する処理です。図6-22の(a)は分岐処理を使って記述した反復処理の例ですが、同じ処理をループ端で表現すると(b)のように記述できます。開始側のループ端にループの終了条件が記載されます。この処理はループの最初に条件判定を行う前判定型ですが、ループの最後に条件判定を行う後判定型もあり、その場合はループ端の終了側に条件を記述します。

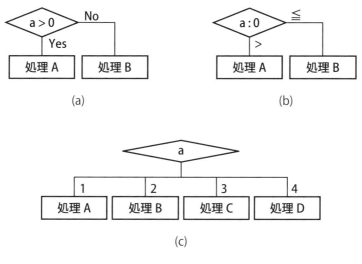

図 6-21　分岐処理

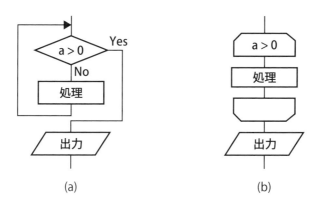

図 6-22　反復処理

（2）NS チャート

NS チャート（Nassi-Shneiderman Diagram）[42]は、線を用いずに箱を積み重ねる形でアルゴリズムを表現します。NS チャートで用いる記号を図 6-23 に示します。

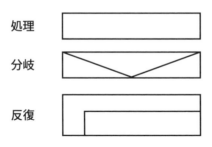

図6-23 NSチャートで用いる記号

フローチャートと同様に記号の形で機能を表現し、記号内に具体的な機能を記述します。図6-24は同じアルゴリズムをNSチャートとフローチャートで表現した例です。

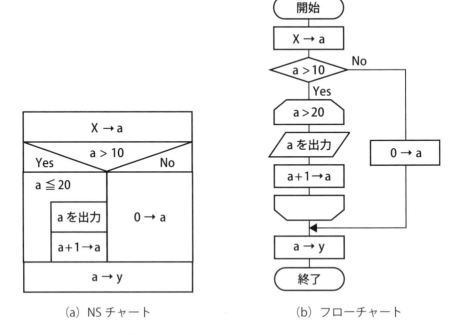

(a) NSチャート   (b) フローチャート

図6-24 NSチャートとフローチャートの表現

　処理の記号はフローチャートと同じ使い方をしますが、箱を積み上げて表現するため流れを示す線は用いません。分岐は真ん中の三角形の内側に条件を記述し、その条件の真偽や値を外側の三角形に記述します。複数の条件に分岐するときには外側の三角形を分割して表現します。分岐後の処理は分岐した外側の三角形に合わせて元の長方形を分割して表現します。反復は大小の長方形で示します。大きな長方形はループを示し、小さな長方形は繰り返される処理を示します。

6.3.3　サーチ

　6.2.7 項で木構造を用いた探索処理（**サーチ**）について説明しましたが、ここでは一般的なサーチアルゴリズムについて説明します。

（1）線型探索法

　線型探索法は、目的とするデータを配列やリストの先頭から順に探していく方法です。図 6-25 では、キーである 5 というデータを先頭から順に探している例を示しています。アルゴリズムをフローチャートで表現すると図 6-26 のようになります。N 個のデータのキーから i 番目のキーと key を照合して一致すれば i 番目であることを出力し、一致するものがなければエラーを出力します。ここで、あらかじめ key と一致するデータが存在しないことを考慮して、N+1 番目のデータとして目的の key を持つデータを**番兵**として配置しておくと、必ず N+1 番目の照合で key が見つかります。この場合、図 6-26(b) のように、ループの終了条件にループ回数のカウンタを設定する必要がなくなります。

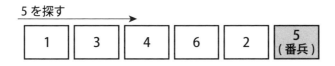

図 6-25　線型探索

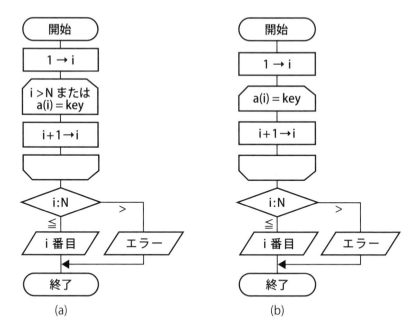

図 6-26　線型探索アルゴリズム

　線型探索法では、目的とするデータが前方に配置されていると検索時間が早くなります。よく参照されるデータを前方に配置することで高速化ができます。探索回数は、平均で $\frac{N+1}{2}$、最大でNになります。

（2）2分探索法

　あらかじめキーとなるデータを昇順もしくは降順に並べておくと、高速な探索を実現できます。**2分探索法**はキーの並び順を利用して高速化した探索方法です。2分探索法では図 6-27 に示すように、データ列の真ん中からデータを探します。例えば 2 を探すとき、まず真ん中にあたる 4 番目のデータのキーと照合し、2 との大きさを比べます。この図の場合、8 は 2 よりも大きいので探す範囲は真ん中よりも前の方と考え、さらに 2 分して 2 つ目のデータのキーと比較し、2 を見つけます。アルゴリズムで表現すると図 6-28 のようになります。

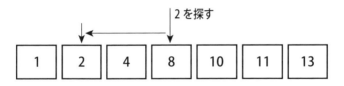

図 6-27　2 分探索

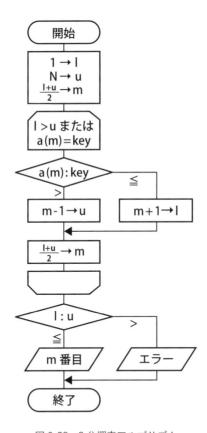

図 6-28　2 分探索アルゴリズム

2 分探索法では、平均探索回数は $\log_2 N$、最大でも $\lfloor\log_2 N\rfloor+1$ となります。

また、6.2.7 項で示した 2 分探索木を用いたサーチも本質的には 2 分探索法と同様のアルゴリズムで動作しますが、木が平衡の場合は最大探索回数⌊log₂ N⌋+1 ですが、片寄っている場合は最悪 N です。AVL 木と B 木の時間的複雑さは木の高さに比例した $O(\log N)$です。

（3）ハッシュ法

　例えば、キーの値に対応した配列を用意しておけば、キーを添字として配列を読み出すと目的のデータを効率的に見つけることができます。しかし、キーのバリエーションが非常に多く、一部しか使用しない場合、配列のために確保する多くの領域が無駄になります。そこで、関数を用いてキーの値をデータ量程度の値に変換して、直接データを見つける方法を考えます。この方法を**ハッシュ法**とよび、用いる関数を**ハッシュ関数**（Hashing Function）とよびます。例えば、ハッシュ関数としてキーの値を 5 で割った余りを求める関数を用いた場合、配列の大きさは図 6-29 のように広いキーの範囲から小さな配列の範囲に大幅に削減します。

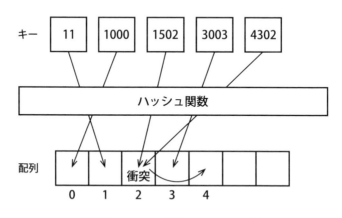

図 6-29　ハッシュ関数によるキーの変換

　しかし、この例の場合、キー1502 と 4302 はハッシュ関数により同じ 2 に変換されるため、**衝突**（**コリジョン**：Collision、**コンフリクト**：Conflict）が発生

してしまいます。このときは後から入力されたデータを空き領域に置くことで衝突を回避します。ハッシュ法を用いるときは衝突の発生をできるだけ回避するようなハッシュ関数を選ぶことが重要です。

問題 6-5

10進法で5桁の数 $a_1 a_2 a_3 a_4 a_5$ を、ハッシュ法を用いて配列に格納したい。ハッシュ関数を $mod(a_1+a_2+a_3+a_4+a_5, 13)$ とし、求めたハッシュ値に対応する位置の配列要素に格納する場合、54321 は配列のどの位置に入るか。ここで、$mod(x, 13)$ は、x を 13 で割った余りとする。

位置	配置
0	
1	
2	
⋮	⋮
11	
12	

(出典：平成25年度 春期 基本情報技術者試験 午前 問7)

6.3.4 ソート

データの並べ替え処理である**ソート**は、サーチと同様によく用いられるデータ操作処理です。2分探索法においてはデータが昇順もしくは降順に並んでいることを前提にしましたが、そのような並べ替えを実現するソートアルゴリズムについて紹介します。

（1）バブルソート

バブルソートでは、データの先頭から順次キーを比較し、大小関係が逆になっていれば入れ替えるという処理を行います。先頭から順に最後まで入れ

替える処理を交換が行われなくなるまで繰り返すことで、並べ替えが完了します。図6-30で昇順でのバブルソートを説明します。先頭からキーとなるデータを確認すると2と4を比べて2<4なので入れ替えはせず、次に4>1となるので入れ替えを行います。この処理を行った後、入れ替えた4と3を比べて入れ替えをします。バブルソートのアルゴリズムは図6-31のように表現できます。

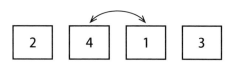

図6-30　バブルソート

　このアルゴリズムでは、j番目の要素とj+1番目の要素に着目し入れ替え判定を行います。入れ替えのときにはwという一時変数にいったんj番目の要素のデータを退避することで、入れ替え時にデータを失わないようにしています。先頭から順に最後までデータの確認を終えると最後のデータのキーは最大値になることから、変数jを用いたループでは、並べ替えが完了しているi番目まで確認すればよいことになります。また、一度も入れ替えが行われなければ並べ替え処理は完了しているので、それを判定するためにflagという変数を用います。

　バブルソートの時間的複雑さは、最小で$O(N)$、最大で$O(N^2)$です。平均も$O(N^2)$です。

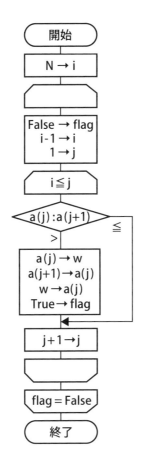

図 6-31　バブルソートアルゴリズム

（2）選択ソート

　選択ソートは、並べ替える要素のうち最小のキーを持つ要素を先頭の要素と入れ替えることで、昇順のソートを実現します。図 6-32 では、最も小さい 1 というキーを持つ要素を見つけ、先頭の要素と入れ替えを行います。入れ替え後は 2 番目の要素以降で最小のキーを持つ要素を 2 番目の要素と入れ替えるという処理を繰り返すことによって、すべての要素のソートができます。選択ソートのアルゴリズムを図 6-33 に示します。

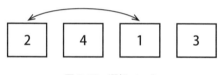

図 6-32　選択ソート

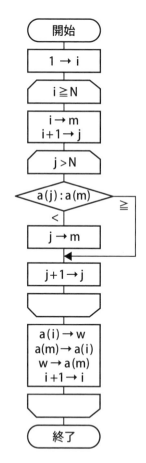

図 6-33　選択ソートアルゴリズム

　このアルゴリズムでは、変数 m を使って i +1番目以降で最小のキーを持つ
要素を変数 j のループで見つけます。m 番目の要素と i 番目の要素を入れ替え
ることで i 番目までの並べ替えが完了します。j のループで i +1番目が最小の
ときは m の値は i なので、このアルゴリズムで実行している入れ替え処理は
無駄になりますが、m と i の比較処理を省略できます。

　このアルゴリズムの時間的複雑さは、$O(N^2)$です。

（3）挿入ソート

　挿入ソートは先頭から並べ替えを行い整列済みの部分と、未処理の部分か
ら取り出したデータを比較し、適切な位置に挿入することでソートを実現す
る方法です。図 6-34 のようにデータの前方は整列済みになっているときに、
着目する 1 というキーを持つ要素と整列済みのデータを順に比較し、入れ替
えを行います。ここでは、1 をキーに持つ要素と 4 をキーに持つ要素を入れ替
え、さらに 2 をキーに持つ要素と入れ替えます。この処理により、1 をキーに
持つ要素は先頭に移動し整列済みの部分が広がっていきます。図 6-35 は挿入
ソートのアルゴリズムです。

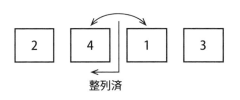

整列済

図 6-34　挿入ソート

　このアルゴリズムでは i 番目の要素に着目し、それよりも前方の要素と変数
j のループで順に比較し入れ替えを行うことにより、i 番目にあった要素を適
切な位置に挿入します。挿入ソートの時間的複雑さはバブルソートと同様、
最小で $O(N)$、最大および平均で $O(N^2)$です。

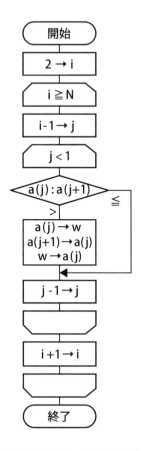

図6-35　挿入ソートアルゴリズム

（4）クイックソート

　クイックソート（Quick Sort）は、時間的複雑さの平均が $O(N \log N)$ となる
効率のよい並べ替え法です。クイックソートの考え方は全体のデータのうち、
任意のキーよりも小さいキーを持つ要素を前半に、大きいキーを持つ要素を
後半に集めていく処理を、順に範囲を狭めながら実行していくことで、全体
の並べ替えを実現します。具体的にはデータの前半に大きなキーを持つ要素
があれば、後半の小さなキーを持つ要素と入れ替えます。図6-36では前半に
存在する基準となるキー4よりも大きなキー7を持つ要素と、後半のキー3を

持つ要素を入れ替えます。図 6-37 は l 番目から u 番目のデータを並べ替える
クイックソートアルゴリズムです。

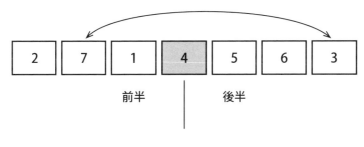

図 6-36　クイックソート

　このアルゴリズムでは、l 番目より後方で m 番目の要素のキーよりも大きな
キーを持つ i 番目の要素を見つけ、同様に u 番目より前方で m 番目の要素の
キーよりも小さなキーを持つ j 番目の要素を見つけます。i≦j のときは要素の
入れ替えを行い、繰り返し処理を実行します。i>j となったときに m 番目のキ
ーを基準とした並べ替え処理が完了します。このとき、j が l よりも大きい場
合は l 番目から j 番目の範囲で、i が u よりも小さい場合には i 番目から u 番目
の範囲で再帰的にこの処理を実行します。

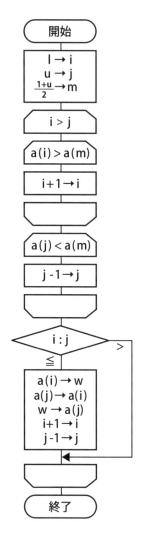

図 6-37　クイックソートアルゴリズム

6.4 プログラミング言語

6.4.1 プログラミング言語の概要

　プログラミング言語は、プログラムを書く際に使われる言語です。プログラミング言語では演算やアルゴリズムの実行をするためのコードの記述や、外部装置を制御するためのコードの記述などができます。一般にプログラミング言語を用いて、データ構造の定義とプログラムの実行の流れを記述します。

　プログラミング言語には、**低水準言語**と**高水準言語**があります。低水準言語は、コンピュータがそのまま実行できる機械語や機械語に近い形式で書かれたプログラミング言語です。アセンブラで機械語に直接変換されるアセンブリ言語は低水準言語にあたります。高水準言語は人間が理解しやすい言語表現に近い形式で記述が可能で、現在存在する多くのプログラミング言語がこれにあたります。低水準言語を**低級言語**、高水準言語を**高級言語**とよぶこともあります。

6.4.2 プログラミング言語の開発

　プログラミング言語はコンピュータの発展のなかで、プログラムの用途に合わせてさまざまなものが開発されてきました。

　1940 年代に開発された初期のノイマン型コンピュータでは、0 と 1 のビットパターンで表現した**機械語**が用いられていましたが、程なくして機械語と 1 対 1 に対応する**アセンブリ言語**が開発されました。アセンブリ言語で記述したプログラムは機械語にそのまま変換できるため、アセンブリ言語はリソースに制約のあった初期のマイクロコンピュータ（マイコン）のプログラムの作成にも用いられ、現在でも性能を引き出すためチューニングする必要のあるプログラムの作成に用いられています。

　1954 年から 1957 年頃に IBM で開発された **FORTRAN**（フォートラン）は世

界初の高水準言語と言われています。科学技術計算向けの言語で数値計算の
ために多くの数学関数を用いることができます。

　1958 年にはアメリカ MIT（Massachusetts Institute of Technology）で人工知
能研究をしていたジョン・マッカーシー（John McCarthy）によって **LISP**（リ
スプ）が考案されました。LISP は式を用いてプログラムを表現する言語で、
式はリストで処理されます。人工知能の研究で用いられていて、さまざまな
派生があります。人工知能研究に用いられる別の言語である **Prolog**（プロロ
グ）は 1972 年にフランス マルセイユ大学のアラン・カルメラウアー（Alain
Colmerauer）らによって開発されました。論理式を用いたプログラミング言語
です。

　COBOL（コボル）は 1959 年にデータシステムズ言語協議会（CODASYL：
Conference on Data Systems Languages）によって事務処理用に開発された言語
です。自然言語である英語に近い構文を持ち、文字列処理や帳票処理などの
事務処理に向いているため、現在でも金融機関などでのプログラム開発に用
いられています。

　1958 年に提案された **ALGOL**（アルゴル）はアルゴリズムの研究開発用に使
われ、アルゴリズムを記述する言語として標準的に用いられました。ALGOL
の文法定義のためにジョン・バッカス（John W. Backus）とピーター・ナウア
（Peter Naur）によって 5.1.2 項でコンパイラの説明に用いたバッカス・ナウ
ア記法が開発されました。

　BASIC（ベーシック）は 1964 年にアメリカ ダートマス大学のジョン・ケメ
ニー（John G. Kemeny）とトーマス・カーツ（Thomas E. Kurtz）によって教育
目的に開発されたプログラミング言語です。命令の記述には行番号を使用し、
GOTO 文を用いたジャンプ命令が記述できます。1970 年代後半から 1980 年
代に発売されたマイコンとよばれた黎明期のパソコンでは標準的に BASIC の
プログラミング環境が提供されていましたが、BASIC 自体はメーカ各社が独
自に拡張して開発していたため互換性がありませんでした。

　C 言語は 1972 年に AT&T ベル研究所のデニス・リッチ（Dennis Ritchie）が
開発した汎用プログラミング言語です。サブルーチンを関数で表現し、さま

ざまな制御構文も表現できます。ポインタ演算や論理演算、シフト演算も実行できます。オペレーティングシステムの UNIX は C 言語で記述されていて C 言語と親和性が高く、C 言語は UNIX での標準プログラミング言語となっています。C 言語から派生した言語も多数存在し、1983 年に C++、1984 年には Objective-C が**オブジェクト指向プログラミング**向けにそれぞれ開発されました。

オブジェクト指向プログラミングについては 6.6 節で詳しく説明しますが、ALGOL を拡張した **Simula**（シミュラ）が 1967 年に開発され、オブジェクト指向のクラスを使ったプログラミングができました。Xerox Palo Alto 研究所のアラン・ケイ（Alan C. Kay）が 1972 年頃に開発した **Smalltalk**（スモールトーク）ではメッセージ送信によるオブジェクトの制御ができるようになりました。

Java（ジャバ）はオブジェクト指向プログラミング向けの代表格の言語で、1995 年に UNIX ワークステーションメーカの Sun Microsystems（2010 年に Oracle により吸収合併）が発表しました。プログラムは仮想マシンで実行されるため、異なる OS の実行プラットフォーム環境の違いを吸収し、共通動作することが特徴です。

JavaScript（ジャバスクリプト）は Web ブラウザ上で動作するプログラミング言語です。1995 年に Netscape Communications で開発されました。Java と名称は似ていますが別の言語です。言語仕様は、ECMAScript（エクマスクリプト）として国際標準化されています。

6.4.3　プログラミング言語の分類

プログラミング言語には言語的特徴からいくつかの分類があります。代表的なものについて説明します。

（1）手続き型言語
アルゴリズムの処理手順に従って、コンピュータが実行する命令を順に記

述することを特徴とするプログラミング言語です。命令をひとかたまりにまとめたサブルーチンやモジュールを**手続き**として構成し、プログラム中から呼び出すことができます。代表的な言語として、FORTRAN、COBOL、ALGOL、BASIC、C 言語などがあります。

（２）オブジェクト指向言語

　処理の対象である**オブジェクト**を定義し、オブジェクトの関係性やオブジェクト間でのデータのやり取りを記述することでプログラミングする言語です。オブジェクトは**属性**（**プロパティ**：Property）とよばれるデータを持ち、**メソッド**（Methods）として定義された手続きが与えられます。オブジェクトに対して、プロパティを読み出したり、メソッドを呼び出したりするメッセージを送ることでプログラムが動作します。オブジェクト指向言語の例として Simula、Smalltalk、C++、Objective-C、Java が挙げられます。

（３）関数型言語

　関数でプログラムを記述する言語です。**LISP** が代表例で、関数を用いて式を表現し、式を評価することによってプログラムが実行されます。式の評価では、**ラムダ計算**という計算モデルを用いて記号列を規則に従って変換します。式には条件式や再帰的な関数の定義も記述が可能です。

（４）論理型言語

　Prolog を代表とする**論理型言語**は、述語論理を基礎として論理式でプログラムを記述します。記述された**事実**（**ファクト**：Fact）と**規則**（**ルール**：Rule）を基に、質問に対する解を推論し、導出します。この処理には**単一化**（**ユニフィケーション**：Unification）とよばれるパターンマッチングが用いられ、単一化に失敗したときには**後戻り**（**バックトラック**：Backtrack）して単一化を進めます。

（5）スクリプト言語

スクリプト言語はアプリケーションを作成するのに用いる簡易的な言語です。元はコンピュータへのコマンド入力を自動化するために、あらかじめコマンド列をファイルに記述し、コンピュータに読み込ませる方式として用いられました。文字列の検索や置換といったテキスト処理などに活用されます。また言語としての機能が拡張されており、一般的なアプリケーションを作成することもできます。UNIX などのシェルで動作する**シェルスクリプト**や Web ブラウザ上で動作する JavaScript などがスクリプト言語にあたります。

（6）マークアップ言語

プログラミング言語ではありませんが、データを記述する言語として**マークアップ言語**がよく用いられます。**XML**（Extensible Markup Language）[43] は < と > で囲まれた**タグ**を用いて、データをタグの要素として、階層的に表現します。タグに属性を持たせることができます。データそのものだけでなく、データに関するデータである**メタデータ**の記述に用いられ、メタデータの国際標準である **MPEG-7** [44] も XML を用います。**HTML**（HyperText Markup Language）[45] は WWW（World Wide Web）で Web ページを表現するのに用いられるマークアップ言語です。XML と同様にタグを用いて要素を記述できます。タグは画面上のレイアウト表現に用いられます。XML と HTML は **W3C**（World Wide Web Consortium）で標準化されています（HTML の最新版は WHATWG で標準化されています）。

6.5　構造化プログラミング

　プログラムを記述するときにジャンプ命令（goto 文）を多用するとプログラムの明瞭性が失われます。その理由として、

- プログラマはプログラムが完成したら処理を機械に任せて活動を終える
- 人間の理解力は静的な関係の理解に向けられ、動的な処理の可視化に弱い。静的なプログラムと動的な処理のギャップを埋めるべきである
- 処理の進捗を示す行番号やカウンタなどの指標により理解できるが、go to でその指標を見つけるのが非常に難しくなる

という点を 1968 年にエドガー・ダイクストラ（Edsger W.Dijkstra）が指摘しました[46]。流れがわかりにくいプログラムを**スパゲティプログラム**とよびますが、goto 文を多用することによってそのようなプログラムができ上がります。そこで goto 文を使わないプログラミングが推奨され、その手法を**構造化プログラミング**とよんでいます。

　構造化プログラミングでは、**順次**（Sequence）、**分岐**（Selection）、**反復**（Repetition）の 3 つの制御構造によって処理の流れを記述します。これらは、6.3.2 項のフローチャートの記法で説明した処理です。goto 文は条件に従って次に実行する命令を選択したり、命令を反復したりすることに用いられるため、これら 3 つの制御構造で置き換えが可能です。

　また構造化プログラミングでは、プログラムの中でひとかたまりとなる処理を**サブルーチン**として**モジュール化**し、データ要素をまとめたデータ構造を用いることで、プログラム全体の構造化を行います。

6.6 オブジェクト指向プログラミング

6.6.1 オブジェクト指向の考え方

オブジェクト指向（Object-Oriented）**プログラミング**では、データと手続きを 1 つにまとめた**オブジェクト**を用いてプログラムを記述します。図 6-38 のように、オブジェクトは他のオブジェクトと**メッセージ**をやり取りして動作しますが、このとき外から呼び出せるのは定義されたオブジェクトのデータである**プロパティ**と手続きの**メソッド**のみで、オブジェクトの実装は外から見えないため、**カプセル化**されているといえます。

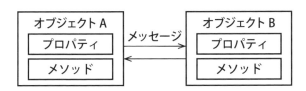

図 6-38　オブジェクト

オブジェクトのデータ構造は**クラス**（Class）として定義します。クラスはオブジェクトの設計図のようなもので、プロパティやメソッドを定義します。実体のオブジェクトはクラスを使って生成され、**インスタンス**（Instance）とよばれます。図 6-39 はクラスとインスタンスの関係を示した図です。クラスには、name、year、address、tel といったプロパティが定義されていて、インスタンスではそれらに具体的なデータを入れて扱います。

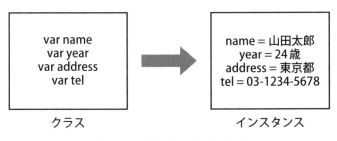

図 6-39　クラスとインスタンス

　クラス間には関係性を持たせることができます。クラスのプロパティやメソッドを追加して、特化したクラスを**サブクラス**といいます。逆にサブクラスから見た元のクラスを汎化した**スーパークラス**とよびます。サブクラスはスーパークラスの性質を受け継ぐため、この関係を**継承**（Inheritance）とよびます。is-a 関係ともよばれます。例えば、図形を描画するクラスを考えます。図 6-40 のように直線のクラスは端の 2 点の座標で表現することを考え、プロパティとしてこの 2 点の座標を定義します。点線のクラスは直線のクラスの2 点の座標に関するプロパティを受け継ぎ、点線の形状のプロパティを追加して表現できます。

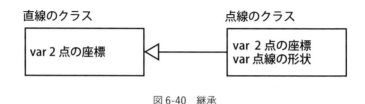

図 6-40　継承

　継承関係にある別のクラスから生成されたオブジェクトは、共通のメソッドを利用することで呼び出すメッセージを単純化することができます。つまり、スーパークラスの任意のメソッドをサブクラスでは**上書き**（Override）することが可能ですので、上書きした同じメソッドを呼び出すことでサブクラスで定義したメソッドを使って異なるクラスのオブジェクトを操作することができます。このことを**多態性**（**ポリモーフィズム**：Polymorphism）とよびます。図 6-41 では、スーパークラスの calc_area()というメソッドをサブクラスで上書きしていますが、同じ calc_area()を呼び出すことによってサブクラスから生成したオブジェクトの面積をそれぞれ求めることができます。calc_area()を呼び出すプログラムは別のオブジェクトに対しても同じメッセージを送ることで計算処理ができるため、送る側のプログラムは独立性が担保されます。

　複数のクラスを組み合わせることを**集約**とよびます。逆にクラスの一部を取り出すことを**分解**といいます。この関係は has-a 関係、もしくは part-of 関

係とよばれます。複数のクラスを組み合わせたクラスを**複合クラス**とよびます。生成されるオブジェクトは**複合オブジェクト**とよばれます。図 6-42 ではテキスト付き図形のクラスが、図形のクラスが持つ頂点の座標と、テキストのクラスが表現する文字列をプロパティとしています。テキスト付き図形のクラスが図形のクラスとテキストのクラスの両方のプロパティを持ち、これらを集約した複合クラスであることを示しています。

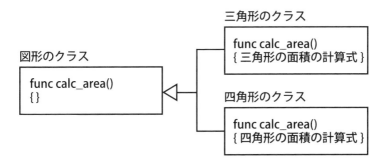

図 6-41　ポリモーフィズム

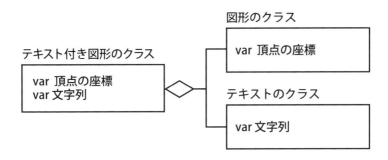

図 6-42　集約と分解

問題 6-6

オブジェクト指向の基本概念の組合せとして、適切なものはどれか。

　ア　仮想化、構造化、投影、クラス
　イ　具体化、構造化、連続、クラス
　ウ　正規化、カプセル化、分割、クラス
　エ　抽象化、カプセル化、継承、クラス

（出典：平成 29 年度 春期 基本情報技術者試験 午前 問 48）

6.6.2　UML

　構造化プログラミングではフローチャートや NS チャートでアルゴリズムを示すように、オブジェクト指向プログラミングでは **UML**（Unified Modeling Language）を用いてクラス間の関係やメッセージ送信のタイミングなどを記述できます。UML は業界団体の OMG（Object Management Group）によって国際標準仕様が策定されています[47]。UML はシステムのモデルを作成するモデリングのための言語で、システムの分析、設計、実装のための設計図が作成できます[48]。UML で記述される図（Diagram）として以下のようなものがあります。

● **構造図**（Structure Diagram）：システムの構造を表現
　・**クラス図**（Class Diagram）：クラス間の関係を表現
　・オブジェクト図（Object Diagram）：オブジェクト間の関係を表現
　・コンポーネント図（Component Diagram）：システムを構成する要素間の関係を表現
　・コンポジット構造図（Composite Structure Diagram）：クラスやコンポーネントの内部構造を表現
　・配置図（Deployment Diagram）：システムの物理的な構成とし

て要素のシステムへの配置を表現

- パッケージ図（Package Diagram）：要素のパッケージへのまとめ方とパッケージ間の関係を表現
- プロファイル図（Profile Diagram）：プロファイルを利用した拡張を表現

● **振る舞い図**（Behavior Diagram）：システムの動作や変化を表現
- 相互作用図（Interaction Diagram）：オブジェクト間のやりとりを表現
  - **シーケンス図**（Sequence Diagram）：オブジェクト間のメッセージの流れの順序を表現
  - コミュニケーション図（Communication Diagram）：オブジェクト間のメッセージのやり取りを表現
  - タイミング図（Timing Diagram）：時間軸上での状態の変化を表現
  - 相互作用概要図（Interaction Overview Diagram）：俯瞰的なシステムの動作の流れを表現
- **ユースケース図**（Use Case Diagram）：利用者がシステムを使って行うことを表現
- アクティビティ図（Activity Diagram）：システムの動作の流れを表現
- ステートマシン図（State Machine Diagram）：状態間の遷移を表現

　ここでは、代表的なクラス図、シーケンス図、ユースケース図について説明します。

（1）クラス図
　クラス図では、図6-43のように各クラスの名前、プロパティ、メソッドを1つの箱の3つの枠にそれぞれ表します。

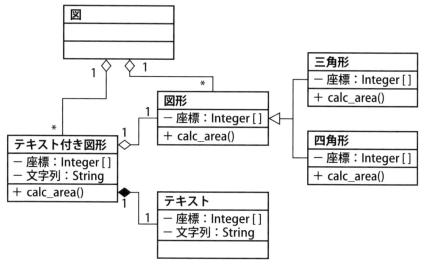

図 6-43　クラス図

　プロパティやメソッドは外部から参照できるものに + を、参照できないも
のに – を付与します。なお、プロパティやメソッドは省略することも許容さ
れます。クラス間の関係として線を結び、継承関係には三角形の矢印を付与
します。また、集約関係にある**クラス**は菱形の矢印を付与します。特に集約し
たクラスで強く依存したクラスを**コンポジション**の関係にあるとよび、塗り
つぶした菱形で表現します。例えば、テキスト付き図形から生成したオブジ
ェクトが消滅したときに図形だけは別の用途で再利用することができても、
テキストは同時に消滅するといった使い方をする場合、図 6-43 のような表記
になります。また関係を示す線の横に付記された数字は数を示していて、例
えば図というクラス 1 つに対して、テキスト付き図形や図形は *、すなわち
任意の数を集約することを示しています。

（2）シーケンス図

　シーケンス図は、時間軸に沿ったオブジェクトの振る舞いを構造的に表現

します。図 6-44 はシステムへのユーザのログイン処理に関するシーケンス図です。シーケンス図の上部には、実行するオブジェクトが列挙され、それぞれの時間軸が示されます。これらを**ライフライン**とよびます。オブジェクト間のメッセージは、ライフラインを矢印で結んで示されます。ライフライン上の矩形はオブジェクトが実行中であることを意味します。応答メッセージは点線で記載されます。

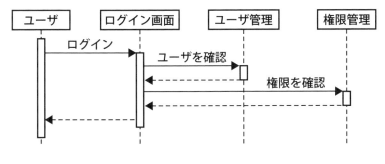

図 6-44　シーケンス図

（3）ユースケース図

ユースケース図は、システムに関わる人物である**アクター**（Actor）に対して**ユースケース**（利用形態）を列挙したものです。システムへの要求機能を明確にすることができます。図 6-45 は銀行の ATM システムに関するユースケース図です。アクターである顧客、管理者、銀行がそれぞれ、ATM システムを用いて行うユースケースと線で結ばれています。付記された数字は、顧客と管理者はそれぞれのユースケースを高々1つ（0..1）実行し、逆にユースケースの観点から見ると、顧客や管理者は必ず 1 人(1)が関係することを意味します。預金とデータ登録は銀行に関係しており、同時に 0 個以上(0..*)を扱えることを示しています。

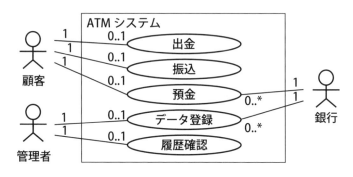

図 6-45　ユースケース図

7. ソフトウェア開発

7.1 開発工程

7.1.1 ソフトウェア開発の進め方

　ソフトウェアを開発することは、プログラミングを行うことだけではありません。プログラムを作成する前に、どんなプログラムを作るのかを決めたり、プログラムの構成を考えたりします。またプログラムの作成が終わったら、正しく動作するかを確認する必要があります。これらはすべてソフトウェア開発に含まれます。特に複数人でソフトウェアを開発する場合、それぞれの開発者がバラバラに開発を進めるとでき上がったプログラムをまとめ上げるのに大変な労力と手間が必要になります。また特定の開発者に依存した開発を行うと、属人化により他の開発者が理解できないソフトウェアができ上がることもあります。そこで、ソフトウェア開発には**ルール**や**基準**が必要になります[49-51]。

　ソフトウェアの開発では、汎用的なフレームワークやテンプレートを用いて効率的に開発を実施することができます。また、既存のパッケージソフトウェアをカスタマイズすることで開発を簡易化する**パッケージ開発**も行われます。逆に開発するソフトウェアが既存のものにあてはまらない場合、フレームワークやテンプレートを全く用いない**フルスクラッチ開発**とよばれる手法を用いることもあります。

　ソフトウェア開発の段階を**開発工程**とよびます。ソフトウェア開発の手法には、時系列に従って開発工程を順に進める**ウォーターフォール型**、工程ごとにプロトタイピングを行い、分析をしながら進める**スパイラル型**、厳密な仕様を決めず、小規模の開発を繰り返して、全体を徐々に完成させる**アジャ**

イル型などがあります。ここでは一般的なウォーターフォール型の開発工程について説明します。ウォーターフォール型の開発工程を図 7-1 に示します。

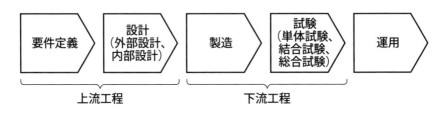

図 7-1　開発工程

　要件定義は、開発するソフトウェアやそのソフトウェアを用いるシステムが備えるべき要件を定義します。**設計**ではソフトウェアが持つべき機能とその機能の実現方法を定義します。**製造**はプログラミングを行ってプログラムを作成する工程です。でき上がったプログラムを**試験**で動作確認し、発見したバグを修正します。その後、**運用**に進み、実際のシステム運用で不具合が見つかったら修正したり、必要な機能があれば追加開発したりします。なお、ウォーターフォール型では要件定義から設計までの工程を**上流工程**、製造から試験までの工程を**下流工程**とよび、水の流れに例えます。

　なお、ソフトウェアの開発規模や種類に応じて工程の一部を省略したり、作成する**文書（ドキュメント）**を簡略化したりすることがあります。

7.1.2　要件定義

　要件定義は、開発するソフトウェアやシステムの利用者の要求に基づき、どんなソフトウェアやシステムを開発するかというシステム要件を決める工程です。利用者の要求は前工程の**要求定義**であらかじめ**要求仕様書**として文書化されることもあります。要件定義では、以下の内容を含む**要件定義書**を作成します。

- システム化の背景、課題、目的
- システムの概要、機能、システム化の範囲
- ユーザインタフェースやシステムの構成
- 導入（移行）計画、運用・保守の方法
- 工程計画、開発体制、成果物

　システムの要件として、システムに求められる処理機能である**機能要件**だけでなく、以下のような機能以外の**非機能要件**も定義します。

- 機能性：他のシステムとの接続性、セキュティの確保方法
- 信頼性：故障時のデータ回復方法、問題発生時の対応
- 使用性：利用者の使い勝手
- 効率性：応答時間やメモリ利用量などのリソース目標
- 保守性：エラー診断のしやすさ
- 移植性：異なる環境で利用できるか、他のソフトウェアと共存できるか

7.1.3　設計

　設計工程は、要件定義書を元にして設計書を作成する工程です。設計工程は大きく**外部設計**と**内部設計**に分かれます。外部設計は**基本設計**ともよばれ、システムが持つべき機能や構成を定義します。内部設計は**機能設計**と**詳細設計**の工程に分けることもあり、機能ごとに実現方法を定義します。

　外部設計では、システムを用いて行う**業務フロー**を**ユースケース**に合わせて作成し、必要となる機能とその機能への要求事項を整理します。システムやソフトウェアの構成を検討し、**アーキテクチャ**を固めます。また画面レイアウトや帳票レイアウトなど、ユーザインタフェースに関することや、外部システムとの接続インタフェースに関することも検討します。メッセージの出力方式やメッセージの形式も決めておきます。外部設計の成果物として、検討結果であるシステム構成やユーザインタフェース、システムインタフェ

ースなどをまとめた、**外部設計書**もしくは**基本設計書**を作成します。

　内部設計では、機能ごとにプログラミングの仕方を決定していきます。機能や使用するファイル、画面、外部インタフェースなどの仕様を検討し、エラーコードやシーケンス、状態遷移についても規定します。これらは**機能設計**として行います。さらに**詳細設計**では、クラス図やシーケンス図を作成し、データに関する規定やスキーマやインデクスといったデータベースの物理設計も実施します。データベースの設計には、データ間の関係を表す **ER 図**（Entity Relationship Diagram）やデータベースの操作を示す **CRUD 図**（CRUD は Create, Read, Update, Delete の頭文字）を用います。内部設計の結果は、**内部設計書**あるいは、**機能設計書**と**詳細設計書**としてまとめます。詳細設計書は Java のプログラミングの場合、Javadoc のようなプログラムのスケルトン（枠組み）で代用されることもあります。

　設計書が完成したら、設計書を読み合わせる**デザインレビュ**という設計書の確認作業を行います。

7.1.4　製造

　設計書に従って、**プログラミング（コーディング）**を実行しプログラムを作成する工程が**製造工程**です。ソースコードが完成したら、コンパイラを用いる場合にはコンパイルして文法チェックをします。

　プログラミングにおいてはプログラムの明瞭化を進めるために、あらかじめ**コーディング規則**を定めます。例えば、変数や関数の命名規則や禁止事項をあらかじめ定めておくことで、処理の類推がしやすくなり、結果的にバグが減少します。

　製造工程の最後に**ソースコードレビュ**という確認作業を行い、コーディング規約に則しているか、プログラムのロジックが正しいかを確認します。

7.1.5　試験

　作成したプログラムが正しく動作することを確認する工程が**試験工程**です。単体試験、結合試験、総合試験があります。**単体試験**では、プログラムのモジュール単位にプログラムの動作を確認し、内部設計書に記載された動作の確認を行います。中身を理解しながら確認をするため、**ホワイトボックス試験**という手法を取ります。試験ではテストパターンを用意して機械的に試験対象のモジュールにデータを入力して出力を確認します。試験の自動化のためにモジュールを呼び出す**ドライバ**（Driver）や、モジュールに値を返す**スタブ**（Stub）とよばれるテスト用のモジュールを用いることもあります。単体試験は製造工程に含まれることもあります。

　単体試験が終了したら、モジュールを組み合わせてプログラムを構成し、外部設計書通りに動作することを確認する**結合試験**を行います。結合試験では、あらかじめ試験項目（テストケース）を作成しておき、それぞれの試験項目に合格することを順に確認していきます。プログラムの内部構造を意識せず外部から試験を実施する**ブラックボックス試験**として実施します。正しく動作しなかった場合には、プログラム中に**バグ**が含まれているため、バグを修正する**デバグ作業**を行います。作成したプログラムにはバグは必ず含まれているという考えに基づき、試験項目を消化し、想定されるバグが十分に摘出されたら結合試験を終了します。

　試験工程の最後に、ソフトウェアを実際に動作させるハードウェアやネットワークなどと組み合わせた本番環境を用いて、要件定義書で定義した機能要件、非機能要件を満たすことを確認する**総合試験**を行います。総合試験も試験項目に従って行い、試験項目を消化していくことで、十分な試験が完了したことを確認します。

　総合試験では、運用に関する試験を行うこともあります。例えば、構築したシステムを十分に長い期間連続的に動作させる**長期安定化試験**という試験があります。

　それぞれの試験が完了した際には、**試験報告書**（単体試験報告書、結合試

験報告書、総合試験報告書）を作成します。報告書には実施した試験の内容と結果および**品質見解**（品質に関する所見）を記載します。

　なお、試験工程と設計工程には図7-2のような対応関係があり、この関係は**Vモデル**とよばれます。

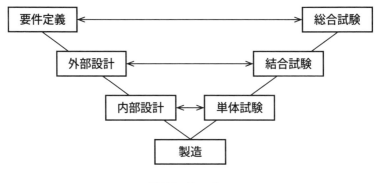

図 7-2　V モデル

問題 7-1

ウォータフォール型のソフトウェア開発において、運用テストで発見された誤りの修復に要するコストに関する記述のうち、適切なものはどれか。

ア　外部設計の誤りは、プログラムだけでなく、マニュアルなどにも影響を与えるので、コーディングの誤りに比べて修復コストは高い。

イ　コーディングの誤りは、修復のための作業範囲がその後の全行程に及ぶので、要求定義の誤りに比べて修復コストは高い。

ウ　テストケースの誤りは、テストケースの修正とテストのやり直しだけでは済まないので、外部設計の誤りに比べて修復コストは高い。

エ　内部設計の誤りは、設計レビューによってほとんど除去できる
　　ので、もし発見されても、コーディングの誤りに比べて修復コ
　　ストは低い。

（出典：平成 23 年度 春期 基本情報技術者試験 午前 問 53）

7.2　品質の確保

7.2.1　プロセス管理とプロジェクトマネジメント

　ソフトウェアには、設計段階のバグから製造段階のバグまでさまざまなバグが含まれています。バグが多いことは品質が悪いことを示します。プログラムを確認するだけではバグがどれだけ残っているか判別できず、デバグ作業でバグが取り切れるとは限らないため、開発工程で極力バグを混入させないことが重要です。このため、**プロセス管理**（Process-based Management）という手法を用います。プロセス管理はプロセスである開発工程を正しく行えば、生成された成果物の品質が高くなるという考え方に基づいています。

　プロセス管理を実現するために、**プロジェクトマネジメント**（Project Management）が行われます。プロジェクトは開発に関わるステークホルダからなるチームのことを指します。プロジェクトマネジメントは、プロダクトの**品質**（Quality）、開発にかかる**費用**（Cost）、**開発期間**（Delivery）に**開発範囲**（Scope）を加えて、これらを考慮した質の高い開発を実行することを目的としています。重視するポイントはそれぞれの頭文字を組み合わせて **QCD** あるいは QCDS とよばれますが、これらはトレードオフ（すべてを両立できない）の関係にあるため、バランスを鑑みることを重視します。プロジェクトマネジメントは必ずしも品質のためなら他のポイントを無視するわけではなく、必要とされる品質を確保することを前提に満足度が高い開発を実現するために行われます。プロジェクトマネジメントを行う方法として、アメリカの PMI (Project Management Institute) が策定した **PMBOK**（ピンボック：Project Management Body of Knowledge）という体系が有名です。

　プロジェクトマネジメントでは次のようなことを記述したそれぞれの計画書をプロジェクト開始前に作成し、計画に従ってマネジメントを実施します。

- プロジェクト計画書：プロジェクトのスコープ、構成、進め方
- 仕様管理計画書：仕様書の承認ルート、文書管理方法
- 進捗管理計画書：進捗管理方法、用いるツール
- 問題課題管理計画書：問題や課題の管理方法
- 構成管理計画書：文書の構成、プログラムの構成
- レビュ計画書：レビュ（確認作業）の種類、時期、対象文書・プログラム、参加者
- 品質管理計画書：品質管理の基準、品質目標
- リスク管理計画書：想定されるリスク、対処方法
- コスト計画書：予算に関する計画

　ここで、**構成管理**は文書やプログラムを適切に管理するために実施され、ソースコードの修正履歴を管理する**ソースコード管理**、文書やソフトウェアの版数を管理する**バージョン管理**が行われます。またレビュには文書やプログラムの冒頭から最後までを追う**ウォークスルー**や範囲や対象を特定して集中的に確認する**インスペクション**といった方法があります。これらを行うことでソフトウェア品質を向上させます。

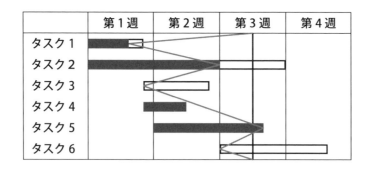

図 7-3　ガントチャート

　進捗管理では、**工程管理表**（スケジュール管理表、線表）を用いて各タスクの進捗率を確認します。図 7-3 に示す**ガントチャート**（Gantt Chart）を用いるとそれぞれのタスクの進捗率を結んだ稲妻線を確認することで、タスクの進行度合いが直感的にわかります。合わせて課題管理表を作成して、生じている問題や遅れの原因を把握し、遅れを解消する適切な対応をとります。大きな問題が発生したときや進捗回復が困難なときにはスケジュールを見直す**リスケ**（Rescheduling）を行います。

7.2.2　品質の把握

　ソフトウェアの品質を把握するために、**メトリクス**（Metrics）とよばれる品質評価尺度を用います。メトリクスは各工程において混入する**バグ**を定量的に計測するために用いられます。設計工程や製造工程ではそれぞれ設計書やソースコードに対してレビュが行われ、試験工程ではソフトウェアやシステムに対して試験が行われますが、その工数や効率、密度や割合を評価します。メトリクスの例を表 7-1 に示します。

表 7-1　メトリクスの例

工程	対象	メトリクスの例
設計	設計書	レビュ工数、レビュ実施効率、レビュ網羅率、バグ摘出数
製造	ソースコード	
試験	プログラム システム	試験工数、試験実施効率、試験密度、試験網羅率、試験消化率、バグ摘出数、バグ密度、バグ収束率、バグ摘出率

　ここで、**試験項目数**や**目標バグ件数**（十分な試験を実施したときに想定されるバグの目標値）は類似ソフトウェアの開発経験から設定します。これらを用いてプログラムのステップ数あたりの試験項目数の割合である**試験密度**や、試験項目数に対する目標バグ件数の割合である**バグ密度**を定めます。**バグ摘出率**は目標バグ件数に対して摘出されたバグ件数の割合、**バグ収束率**は

バグ摘出の進行割合を確認するために用いられ、十分な試験が実施できているかの判断材料にします。試験の実施に合わせて図 7-3 のような**信頼度成長曲線**（バグ曲線、ゴンペルツ曲線）を描くことで、可視化することができます。曲線が目標バグ件数に近づき収束しているならば、十分な試験が行えたと判断します。曲線の立ち上がりが急のときは品質が悪いか試験項目がよい、緩やかのときは品質がよいか試験項目がよくないと判断し、対策を練ります。

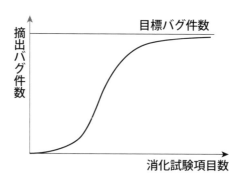

図 7-4　信頼度成長曲線

　メトリクスを用いて文書やソフトウェアの品質を把握した後に、評価値に従って**再レビュー**や**再試験**などの適切なアクションを実施することで品質向上に繋げます。

7.3　ユーザインタフェースの設計

　ユーザインタフェースはシステムとユーザの接点であり、使い勝手が悪いとシステムを適切に利用できなくなります。ソフトウェア開発においては重要な設計要素であり、設計工程の早い段階で検討を行うべきであると言われています[52]。

　デザインという言葉はソフトウェア開発においては設計を意味します。ユーザインタフェースのデザインは、情報の配置や情報の表現方法、情報提示

の流れなど、情報を使いやすくする工夫が必要です。このような情報に対する設計を**情報デザイン**とよんでいます。例えば、HTML で入力の選択肢を作成する場合、図 7-5 のようなラジオボタン、セレクトボックス、チェックボックスを利用できますが、択一の場合はラジオボタンかセレクトボックス、複数選択の場合はチェックボックスを用いるといった選択の制約を入力方法に反映させることが基本的な例です。情報デザインは本来、サービスを実現するうえでの広い範囲での検討事項であり、対象は GUI に限らず、サービスの設計として効率よく、かつ効果的に情報を伝える方法を実現します。

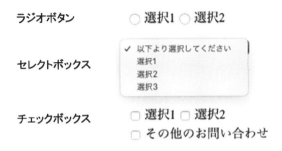

図 7-5　HTML を使った選択肢

　システムの使いやすさは**ユーザビリティ**（Usability）で評価されます。ユーザビリティは使い勝手の良さの程度を示す指標です。一方で、サービス利用時や利用後に得られる満足度などの体験を表すのが**ユーザ体験**（UX：User Experience）です。ユーザインタフェースの良し悪しは UX に含まれます。ユーザ体験は **QoE**（Quality of Experience）という指標で評価されます[53]。

　また**ユニバーサルデザイン**（UD：Universal Design）は誰でも使いやすいデザインのことで、障がいを持つ人や高齢者、幼児だけに向けたデザインを行うのではなく、調整または特別な設計を必要とすることなく、最大限可能な範囲ですべての人が使用することのできる製品、環境、計画およびサービスの設計として、障がい者の権利に関する条約（Convention on the Rights of Persons with Disabilities）　第二条 定義に定められています。

問題 7-2

GUI の部品の一つであるラジオボタンの用途として、適切なものはどれか。

ア　幾つかの項目について、それぞれの項目を選択するかどうかを指定する。

イ　幾つかの選択項目から一つを選ぶときに、選択項目にないものはテキストボックスに入力する。

ウ　互いに排他的な幾つかの選択項目から一つを選ぶ。

エ　特定の項目を選択することによって表示される一覧形式の項目の中から一つを選ぶ。

（出典：平成 31 年度 春期 基本情報技術者試験 午前 問 24）

8. システム

8.1 システムの例

　ここで取り扱う**システム**は**コンピュータシステム**のことを指し、ソフトウェアとハードウェアを組み合わせて動作させるものです。システムには、単独で操作する**スタンドアロンシステム**や、ネットワーク接続されたコンピュータが相互に通信して動作する**ネットワークシステム**があります。

　ネットワークシステムの形態として**クライアントサーバ型システム**（C/Sシステム）では、サービスやデータを提供する**サーバ**（Server）とユーザが操作する端末の**クライアント**（Client）がネットワーク経由で接続して動作します。サーバとクライアントはハードウェアを指すことがありますが、おもにソフトウェアの機能を表すもので、ソフトウェアの呼称として用いられます。最近はネットワークシステムのなかでも、WWW 技術を用いた **Web システム**がよく使われています。クライアントである Web ブラウザを用いて、Web サーバから提供されるコンテンツや Web アプリケーションを用いてサービスを受けることができます。例えば、従来は専用のハードウェアとソフトウェアで構築されていたデジタルサイネージという電子看板システムも、最近では Web ブラウザ上の HTML コンテンツと JavaScript プログラムで構成された Web アプリケーションによってサービス機能を実現し、**Web ベースサイネージ**（Web-based Signage）として普及しています[54]。

　一方で、ハードウェア機能をソフトウェアで**エミュレート**（模擬）して、**仮想マシン**とよばれる仮想的なコンピュータとして動作させる**仮想化技術**も一般的になってきました[9]。仮想マシンは物理的なハードウェアを持ちませんが、一般的なコンピュータと同様に動作します。1 つの仮想環境の上に複数の仮想マシンを動作させることもできます。**クラウドサービス**で提供される IaaS（ア

イアース：Infrastructure as a Service）とよばれる環境貸し出しサービスでは、1 つの仮想マシンがネットワーク経由でユーザに提供されます。

8.2 システムの処理能力

　システムの処理能力を測る評価指標として、**スループット**（Throughput）が用いられます。スループットは一定時間内に処理できる仕事量を表し、1 秒あたりのトランザクション数やジョブ数で求められます。ここで**トランザクション**とはコンピュータ内で実行される処理の単位です。時間で表す評価指標では、**レスポンスタイム**（Response Time）と**ターンアラウンドタイム**（Turnaround Time）が用いられます。レスポンスタイムは処理要求を出し終えてから最初の応答が返ってくるまでの時間で、ターンアラウンドタイムは処理要求を出し始めてから結果がすべて出力されるまでの時間を表します。レスポンスタイムとターンアラウンドタイムの関係は図 8-1 を参照してください。

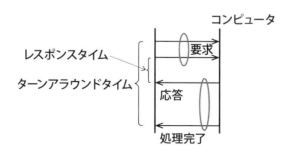

図8-1　レスポンスタイムとターンアラウンドタイム

　CPU の演算性能は、**MIPS**（ミップス：Million Instructions Per Second）や**FLOPS**（フロップス：Floating-point Operations Per Second）という単位で計ります。MIPS は 1 秒間に実行可能な百万単位の命令数を表し、CPU の性能比較に用いられます。例えば、1994 年の Intel Pentium は 188MIPS、2013 年の Intel Core i7 は 133,740MIPS で、大きく CPU の性能向上したことがこの値からわ

かります。一方、FLOPS は 1 秒間に実行可能な浮動小数点数演算の回数を示す値で、科学技術計算の性能尺度として用いられます。Intel Pentium は 300MFLOPS、Intel Core i7 は 384GFLOPS という値です。

　CPU の演算性能値を用いて、スループットを求めることができます。スループットは 1 秒間に処理できるトランザクション数で表されるので、以下の式で表現できます。

$$1秒間に処理できるトランザクション数 = \frac{1秒間に実行できるステップ数}{1トランザクションのステップ数} \quad (8\text{-}1)$$

　また、1 秒間に実行できるステップ数は、

$$1秒間に実行できるステップ数 =$$
$$CPU の性能(1 秒あたりのステップ数) \times CPU の使用率 \quad (8\text{-}2)$$

で求めることができます。ここで CPU の使用率とは、CPU の性能のうち、どれくらいの割合で CPU が動いているかを示した値のことです。

問題 8-1

　1 件のトランザクションについて 80 万ステップの命令実行を必要とするシステムがある。プロセッサの性能が 200MIPS で、プロセッサの使用率が 80%のときのトランザクションの処理能力（件／秒）は幾らか。

（出典：平成 25 年度 秋期 基本情報技術者試験 午前 問 9）

　コンピュータでは内部の動作タイミングを合わせるために周期的な信号を発生する**クロック**を利用しますが、CPU の演算性能は**クロック周波数**（1 秒間にクロックが動作する回数）が指標となります。CPU でプログラムを実行するときには、命令の種類によって必要とするクロック数が変わり、その数を **CPI**（Cycles per Instruction）として表します。例えば、整数の加減算は簡単に処理でき、浮動小数点数の剰余算は複雑な演算で時間がかかります。そこ

で CPU の処理能力を測るために、よく使われる命令の実行速度を出現頻度に合わせて組み合わせた**命令ミックス**を用います。命令ミックスには事務計算向けによく用いられる命令を組み合わせた**コマーシャルミックス**と、科学技術計算向けの**ギブソンミックス**があります。命令ミックスを用いた平均命令実行時間を**命令ミックス値**とよび、この値を用いて CPU の処理時間や MIPS 値を計算できるので、CPU の処理能力を評価できます。

問題 8-2

表の CPI と構成比率で、3 種類の演算命令が合計 1,000,000 命令実行されるプログラムを、クロック周波数が 1GHz のプロセッサで実行するのに必要な時間は何ミリ秒か。

演算命令	CPI (Cycles Per Instruction)	構成比率(%)
浮動小数点加算	3	20
浮動小数点乗算	5	20
整数演算	2	60

（出典：平成 22 年度 春期 基本情報技術者試験 午前 問 9）

問題 8-3

動作クロック周波数が 700MHz の CPU で、命令実行に必要なクロック数及びその命令の出現数が表に示す値である場合、この CPU の性能は約何 MIPS か。

命令の種別	命令実行に必要なクロック数	出現率(%)
レジスタ間演算	4	30
メモリ・レジスタ間演算	8	60
無条件分岐	10	10

（出典：平成 30 年度 秋期 基本情報技術者試験 午前 問 9）

　さらに、コンピュータの処理能力はCPUの演算性能だけでなく、補助記憶装置の入出力処理やネットワーク処理、ビデオカードやグラフィックボードへのアクセスなどさまざまな処理にも依存します。またCPUの種類が異なると、CPUの仕様である**クロック周波数**や**コア数**、**スレッド数**を比較しても、能力の評価ができません。そこで、評価用のソフトウェアを実行することで処理能力を測定します。このソフトウェアを**ベンチマークプログラム**（benchmark program）とよび、評価することを**ベンチマークテスト**（benchmark test）とよびます。また得られた結果の値を**ベンチマークスコア**（benchmark score）とよびます。ベンチマークプログラムとしては、1972年にイギリス国立物理学研究所で開発されたWhetstone（ウェットストーン）や、1984年にラインホールド・ウェイカー（Reinhold P. Weicker）が開発したDhrystone（ドライストーン）、アメリカ標準性能評価社（SPEC：Standard Performance Evaluation Corporation）による整数演算性能を測るSPECintや浮動小数点数演算性能を測るSPECfp、アメリカトランザクション処理性能評議会（TPC：Transaction Processing Performance Council）によるTPCなどがあります。

8.3　処理の並列化

8.3.1　パイプライン処理

　CPUでの処理を高速化する手法として、**パイプライン処理**があります。CPUではプログラムで実行する命令に対して、命令読み出し、命令デコード、演算などの処理を行う複数の部分に分かれており、それぞれ独立に実行できます。そこで、1つの命令を複数のステージに分割して各ステージを並列に処理することにより、高速化できます。パイプラインは、元来、石油や天然ガスなどを送るためのパイプのことを指す用語ですが、処理を順次送っていくことからパイプライン処理の名前が付いています。図8-2はパイプライン処理を模式的に示した図です。図では、命令読み出しと命令デコード、演算の3つのステージがあり、1つ目の命令が命令読み出し部で読み出し1の処理を終える

と命令デコード部でデコード 1 の処理に移り、それと同時に 2 つ目の命令が読み出し 2 の処理を実行することを示しています。このように命令を並列に実行することにより、全体として処理の高速化を行うことができます。

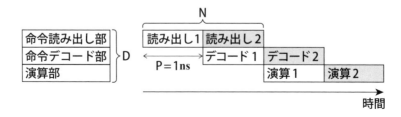

図 8-2　パイプライン処理

　パイプライン処理の効果を示す処理時間は、パイプラインの深さ（ステージ数）D、パイプラインのピッチ（1 ステージの実行時間）P、命令数 N を用いて求めることができます。

$$(D+N-1)\times P \qquad\qquad (8\text{-}3)$$

　例えば、図 8-2 では、D=3、P=1ns、N=2 として、処理時間は $(3+2-1)\times 1\text{ns}=4\text{ns}$ と求めることができます。

　パイプライン処理は、規則正しく命令が実行されるときに有効ですが、処理の順序が乱れてしまうことがあります。この現象を**パイプラインハザード**（pipeline hazards）とよびます。先の命令の処理が完全に終了する前に次の命令を読み出す先読みを行いますが、分岐命令で別の命令が必要となり無駄になる場合に、**制御ハザード**（分岐ハザード）が起こります。また先行する命令が書き換える前のデータを後続する命令が読み込んでしまわないように処理待ちをしなければならない場合、**データハザード**が発生します。

　CPU には命令間の並列性を利用して命令単位で同時に複数の処理を実行できる**スーパスカラ**（Superscalar）と **VLIW**（Very Long Instruction Word）というアーキテクチャを持つものがあります。スーパスカラではプログラム内から同時に処理できる命令を見つけて、どれを実行するかを動的に決定します。

複数のパイプラインを並列に動作させることができるので、図 8-3 のように同じステージの処理を複数同時に実行できます。しかしながら、1 つのプログラムの命令を並列に実行する場合、命令間の依存関係を調べる必要があり、オーバヘッドがかかります。また必ずしも並列に実行できるわけではないので、性能向上に限界があります。

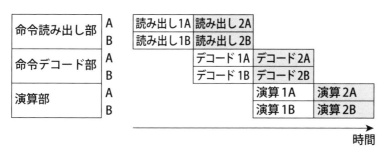

図 8-3　スーパスカラ

　一方、VLIW を採用したアーキテクチャの CPU は、コンパイラがコンパイル時にあらかじめ依存関係のない複数の命令を 1 つの長い命令にまとめたプログラムをそのまま実行します。命令を並列化させるため、長さが足りないときには NOP（ノップ：no operation）というダミー命令が挿入されます。スーパスカラの命令のスケジューリングを**動的スケジューリング**、VLIW のスケジューリングを**静的スケジューリング**とよびます。

8.3.2　マルチプロセッサ

　複数の CPU を並列に動作させることによって処理を高速化する**マルチプロセッサ**という技術があります。1 つの命令を複数のデータに対して実行する **SIMD**（シムディ：Single Instruction Multiple Data）はスーパーコンピュータで採用されているベクトル処理を行う方式です。また、**MIMD**（ミムディ：Multiple Instruction Multiple Data）は複数の命令をそれぞれ複数のデータに対して同時に実行する方式で、一般的なマルチプロセッサの方式です。

　コンピュータではCPUと主記憶は**バス**という通信路でデータのやり取りを行いますが、図8-4に示すようにバスに複数のCPUを接続した**密結合方式**と、複数のコンピュータを高速通信路で接続した**疎結合方式**があります。最近のパソコンのCPUで採用されている**マルチコア**はCPU内に複数のプロセッサを入れ込んだ密結合のマルチプロセッサ方式にあたります。

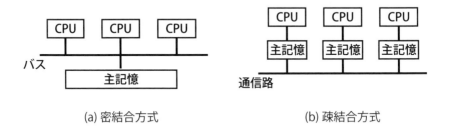

(a) 密結合方式　　　　　　　　　　　　(b) 疎結合方式

図8-4　マルチプロセッサの方式

　マルチプロセッサによる高速化は、プログラム上同時に実行できる部分と依存性があり同時には実行できない部分の割合に依存します。従って、プロセッサの数と性能は比例しません。つまり並列化にはボトルネックがあり、**アムダールの法則**[55]で示されています。ここで、高速化率（Speedup）はプログラムで並列化できない部分の割合 r_s と n 個のプロセッサで並列に実行できる部分の割合 r_p を用いて、

$$\text{Speedup} = \frac{1}{r_s + \dfrac{r_p}{n}} \qquad (8\text{-}4)$$

と表すことができます。

問題 8-4

　4つのCPUで構成されたマルチプロセッサシステムで、並列化が可能な部分の割合が50%のプログラムを実行する場合の高速化率を求めよ。

8.4 システムの運用

8.4.1 RASIS

コンピュータシステムの評価指標として **RASIS** という用語があります。
RASIS は

- 信頼性（Reliability）：システム全体が故障せずに動作すること
- 可用性（Availability）：システムが継続的に稼働すること
- 保守性（Serviceability）：障害発生時に迅速に復旧すること
- 保全性（Integrity）：記録されているデータが不整合しないこと
- 機密性（Security）：データの機密が守られ、不正アクセスされにくいこと

の 5 つの指標の英語表記の頭文字を並べたものです。システムは処理性能が高いだけでなく、安定した運用をできることが必要です。これらの指標は運用面においてシステムの動作を総合的に評価するために用いられます。信頼性、可用性、保守性の 3 つの頭文字をとった RAS はアメリカの IBM 社が使い始めた用語として知られていて、現在も評価指標として RAS を重視することもあります。

8.4.2 故障率と稼働率

システムは故障することがあります。例えば、コンピュータの部品であるハードディスクやメモリが壊れることでコンピュータが動作しなくなったり、システムを構成するネットワーク機器の故障によってネットワーク接続ができなくなってシステムが動作しなくなったりすることがあります。故障はハードウェアの経年劣化やプリント基板のはんだ不良などの欠陥など、ハードウェアの不具合に起因するものだけでなく、ソフトウェアのバグや LSI の設計バグによるものもあります。

　一般的にシステムは使っている時間が経過すると壊れやすくなります。また導入したてのシステムも不具合が起こりやすいと考えられます。このようにシステムの壊れやすさは時間とともに変化し、確率的に考えることができます。システムの故障の確率を**故障率**とよびますが、故障率を時間軸に従って表したグラフは図 8-5 のようにバスタブの形状に似ているので、**バスタブ曲線**とよばれます。

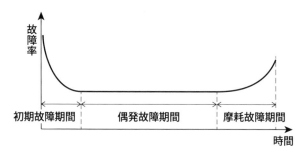

図8-5　バスタブ曲線

　システムの導入時期は**初期故障期間**とよばれ、ハードウェアやソフトウェアのいわゆる初期不良とよばれる製造不良による不具合や、システムの運用環境が想定と異なることによる不具合により故障が発生する確率が高くなりますが、運用が進むにつれて故障率が下がります。故障率が定常的に安定する期間を**偶発故障期間**とよびます。この期間には初期故障は改善されていますが、偶発的な故障が発生すると考えられます。一方、時間の経過とともにシステムを構成する部品の劣化や接点の摩耗などが進んでシステムの耐用寿命が訪れます。この時期を**摩耗故障期間**とよびますが、時間が経つに従って故障率が高くなります。

　故障率は単位時間あたりにシステムが故障する確率として求めることができます。ここでは、システム運用中に故障が発生するとして、その発生間隔から故障率を求めます。図 8-6 のようにシステムの稼働と故障が繰り返されるとき、故障の発生間隔である**平均故障間隔**（**MTBF**：Mean Time Before Failure）は稼働時間 t_i の平均値で求められます。

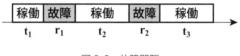

図 8-6　故障間隔

$$\mathrm{MTBF} = \frac{1}{N}\sum_{i=1}^{N} t_i \qquad (8\text{-}5)$$

故障率 λ は、MTBF の逆数として求められます。

$$\lambda = \frac{1}{\mathrm{MTBF}} \qquad (8\text{-}6)$$

一方で、システムが故障したときに修理にかかる時間の平均値である**平均修理時間**（MTTR : Mean Time To Repair）は、故障時間 r_i の平均値で求められます。

$$\mathrm{MTTR} = \frac{1}{N}\sum_{i=1}^{N} r_i \qquad (8\text{-}7)$$

また MTBF と MTTR を用いて、システムが稼働している割合である**稼働率 R** を求めることができます。

$$R = \frac{\mathrm{MTBF}}{\mathrm{MTBF+MTTR}} \qquad (8\text{-}8)$$

問題8-5

　下表は各月のシステムの稼働時間と修理時間（故障時間）を示したものである。このシステムの稼働率を求めよ。

（単位：時間）

	1月	2月	3月	4月	5月	6月
操業時間	100	200	100	100	200	200
稼働時間	99	199	98	98	199	198
修理時間	1	1	2	2	1	2

　ここで、MTBF が大きいほど故障が起こりにくいことから信頼性が高いことを示し、稼働率が高いほどシステムが継続的に稼働することから可用性が高いことを示します。また、MTTR が小さいと修理にかかる時間が短いことから、保守性が高いことを示します。

8.4.3　複合システムの稼働率

　システムは複数のシステムが組み合わさって実現しているものもあります。このようなシステムを**複合システム**とよびます。個々の個別システムが故障すると複合システムが故障するとみなせるため、複合システムの故障率 λ は個別システムの故障率 λ_i の和で表すことができます。

$$\lambda = \lambda_1 + \lambda_2 + \lambda_3 + \cdots \sum_{i=1}^{N} \lambda_i \qquad (8\text{-}9)$$

　複合システムの稼働率はそのシステムの構成によって異なります。個別システムの全てが動作することが必要な複合システムを**直列接続システム**とよびます。直列接続システムでは例えば図 8-7 にように、1 つのシステムの処理結果を次のシステムの入力として処理を行う形態があります。

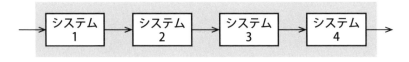

図 8-7　直列接続システム

　直列接続システムの稼働率 R は各システムの稼働率 R_i の積で表します。

$$R = R_1 \times R_2 \times R_3 \times \cdots = \prod_{i=1}^{N} R_i \qquad (8\text{-}10)$$

一方、複合システムを構成するいずれかの個別のシステムが動作すればよいシステムを**並列接続システム**とよびます。例えば図 8-8 のように、同じ入力を受け取ったいずれかのシステムの処理結果が複合システムの処理結果として出力される形態のシステムを指します。

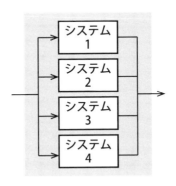

図 8-8　並列接続システム

並列接続システムの稼働率 R は、それぞれのシステムが稼働しない確率から求めます。

$$R = 1 - (1 - R_1) \times (1 - R_2) \times (1 - R_3) \times \cdots = 1 - \prod_{i=1}^{N}(1 - R_i) \quad (8\text{-}11)$$

実際の複合システムはこれらのシステム形態の組み合せで構成されるので、部分ごとに稼働率を求めます。

問題 8-6

図のように、1 台のサーバ、3 台のクライアント及び 2 台のプリンタ が LAN で接続されている。このシステムはクライアントからの指示 に基づいて、サーバにあるデータをプリンタに出力する。各装置の稼 働率が表のとおりであるとき、このシステムの稼働率を表す計算式 はどれか。ここで、クライアントは 3 台のうちどれか 1 台でも稼働 していればよく、プリンタは 2 台のうちどちらかが稼働していれば よい。

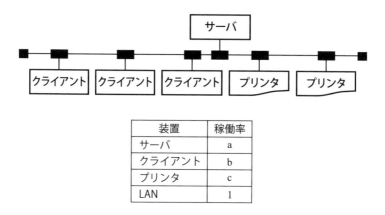

装置	稼働率
サーバ	a
クライアント	b
プリンタ	c
LAN	1

ア　ab^3c^2　　　　　　　　イ　$a(1 - b^3)(1 - c^2)$

ウ　$a(1 - b)^3(1 - c)^2$　　エ　$a(1 - (1 - b)^3)(1 - (1 - c)^2)$

(出典：平成 31 年度 春期 基本情報技術者試験 午前 問 14)

8.4.4 フォールトトレランス

　システム運用時に起こる故障やヒューマンエラーとよばれる運用者の操作ミスに備えて、システムそのものに冗長性を持たせることがあります。つまり、システムの一部に問題が生じてもシステム全体を停止させずに、システムの運用を続けられるようにすることを**フォールトトレランス**（Fault Tolerance）といいます。

　問題が発生したときに、システム全体に影響を与えないように問題箇所を切り離し、稼働継続することを**フェールソフト**（Fail Soft）といいます。また問題が起きたときにもなるべく安全にシステム停止できる状態にすることを**フェールセーフ**（Fail Safe）とよびます。また、運用者が意図しない使い方をしたり、誤った操作をしたりしてもシステムが異常停止しないように設計することを**フールプルーフ**（Fool Proof）といいます。

　運用上止められないシステムは、システム全体の二重化を行って冗長化（予備を確保）します。同じ機能を持つ待機系システムを用意する構成を**アクティブ／スタンバイ構成**（Active/Standby）とよび、このシステムを**デュプレックスシステム**（Duplex System）とよびます。障害発生時に待機系システムに電源を入れて運用系として切り替える構成を**コールドスタンバイ**（Cold Standby）、即座に待機系から運用系に切り替えるために待機系にも電源が投入されている構成を**ホットスタンバイ**（Hot Standby）とよびます。また、二重化したシステムも稼働させる構成を**アクティブ／アクティブ構成**（Active/Active）とよびます。この構成のシステムを**デュアルシステム**（Dual System）とよび、障害発生時に即座に切り替えるだけでなく、両方のシステムでの処理結果をクロスチェックする高信頼システムを構成することもできます。

参考文献

[1] 田中清, 本郷健, "コンピュータの基礎 第3版", ムイスリ出版, 2021.

[2] "THE BABBAGE ENGINE", https://www.computerhistory.org/babbage/, 2023.

[3] "Punched Card Tabulating Machines", http://www.officemuseum.com/data_processing_machines. htm, 2016.

[4] Alan M. Turing, "On Computable Numbers, with an Application to the Entscheidungsproblem", Proceedings of the London Mathematical Society, s2-42, 1, pp.230-265, 1937.

[5] IPTV フォーラム, "Hybridcast", https://www.iptvforum.jp/hybridcast/, 2023.

[6] ASCII.jp デジタル用語辞典, https://yougo.ascii.jp/, 2023.

[7] 日本産業規格 JIS X 0001-1994, "情報処理用語–基本用語", 1994.

[8] 柴田正憲, 浅田由良, "情報科学のための離散数学", コロナ社, 1995.

[9] 田中清, 浦田昌和, "IT 知識ゼロからはじめる情報ネットワーク管理・サーバ構築入門", 科学情報出版, 2022.

[10] 幸谷智紀, 國持良行, "情報数学の基礎 例からはじめてよくわかる", 森北出版, 2011.

[11] IEEE 754-2019, "IEEE Standard for Floating-Point Arithmetic", 2019.

[12] 電子情報通信学会, "知識ベース 知識の森", https://www.ieice-hbkb.org/, 2010.

[13] 藤原洋, 安田浩, "図解式 ブロードバンド+モバイル標準MPEG教科書", アスキー, 2003.

[14] 守谷健弘, 原田登, 鎌本優, 関川浩, 白柳潔, "MPEG-4 ALS – 歪みを許さない 「ロスレス・オーディオ符号化」の国際標準", NTT 技術ジャーナル, Vol.18, No.6, pp.42-45. 2006.

[15] ITU-T Rec. T.4, "Standardization of Group 3 facsimile terminals for document transmission", 1999.

[16] ITU-T Rec. T.82 | ISO/IEC 11544, "Information technology – Coded representation of picture and audio information – Progressive bi-level image compression", 1993.

[17] ITU-T Rec. T.88 | ISO/IEC 14492, "Information technology – Lossy/lossless coding of bi-level images", 2018.

[18] ITU-T Rec. T.81 | ISO/IEC 10918-1, "Information technology – Digital compression and coding of continuous-tone still images – Requirements and guidelines", 1992.

[19] ITU-T Rec. T.800 | ISO/IEC 15444-1, "Information technology – JPEG 2000 Image coding system: Core coding system", 2019.

[20] ITU-T Rec. T.832 | ISO/IEC 29199-2, "Information technology – JPEG XR Image coding system - Image coding specification", 2019.

[21] ITU-T Rec. H.261, "Video codec for audiovisual services at p x 64 kbit/s", 1993.

[22] ISO/IEC 11172-2, "Information technology – Coding of moving pictures and associated audio for digital storage media at up to about 1,5 Mbit/s", 1993.

[23] ITU-T Rec. H.262 | ISO/IEC 13818-2, "Information technology – Generic coding of moving pictures and associated audio information: Video", 2012.

[24] ITU-T Rec. H.264 | ISO/IEC 14496-10, "Advanced video coding for generic audiovisual services", 2021.

[25] ITU-T Rec. H.265 | ISO/IEC 23008-2, "High efficiency video coding", 2021.

[26] ITU-T Rec. H.266 | ISO/IEC 23090-3, "Versatile video coding", 2022.

[27] ITU-T Rec. T.802 | ISO/IEC 15444-3, "Information technology – JPEG 2000 Image coding system: Motion JPEG", 2019.

[28] ITU-T Rec. T.833 | ISO/IEC 29199-3, "Information technology – JPEG XR Image coding system - Motion JPEG XR", 2010.

[29] ITU-T Rec. H.222.0 | ISO/IEC13818-1 , "Information technology – Generic coding of moving pictures and associated audio information: Systems", 2021.

[30] ISO/IEC 14496-14, "Information technology – Coding of audio-visual objects

– Part 1: Systems", 2010.

[31] NTT ソフトウェア株式会社 EA コンサルティングセンター,"図解入門 よくわかる最新 エンタープライズ・アーキテクチャの基本と仕組み",秀 和システム, 2005.

[32] Open Source Initiative, "The Open Source Definition", https://opensource. org/osd/, 2007.

[33] Open Source Initiative, "OSI Approved Licenses", https://opensource.org/ licenses/, 2023.

[34] アイテック情報技術教育研究所,"コンピュータシステムの基礎",アイ テック, 2001.

[35] 定平誠, 須藤智,"平成 25 年度【春期】【秋期】基本情報技術者合格教本", 技術評論社, 2013.

[36] 大滝みや子, 岡嶋裕史,"平成 25 年度【春期】【秋期】応用情報技術者合 格教本", 技術評論社, 2013.

[37] Matt Welsh, Lar Kaufman (小島隆一 訳, 山崎康宏 技術監修),"RUNNING LINUX 導入からネットワーク構築まで", オライリー・ジャパン, 1996.

[38] 独立行政法人情報処理推進機構,"試験で使用する情報技術に関する用 語・プログラム言語など Ver.4.2", 2019.

[39] 疋田輝雄, 石畑清,"コンパイラの理論と実現", 共立出版, 1988.

[40] 宮地利雄,"データ構造とプログラミング", 昭晃堂, 1985.

[41] 日本産業規格 JIS X 0121-1986,"情報処理用流れ図・プログラム網図・ システム資源図記号", 1986.

[42] Issac Nassi, Ben Shneiderman, "Flowchart techniques for structured programming", ACM SIGPLAN Notices, Vol.8, Issue 8, pp.12–26, 1973.

[43] W3C Rec., "Extensible Markup Language (XML) 1.0 (Fifth Edition)", https://www.w3.org/TR/xml/, 2008.

[44] ISO/IEC 15938-1, "Information technology – Multimedia content description interface – Part 1: Systems", 2002.

[45] WHATWG, "HTML Living Standard", https://html.spec.whatwg.org, 2023.

[46] Edsger W. Dijkstra, "Go To Statement Considered Harmful", Communications of the ACM, Vol.11, No.3, pp.147-148, 1968.

[47] OMG, "Unified Modeling Language Version 2.5.1", https://www.omg.org/spec/UML/, 2017.

[48] テクノロジックアート, "独習 UML 第4版", 翔泳社, 2009.

[49] 大森久美子, 岡崎義勝, 西原琢夫, "ずっと受けたかったソフトウェアエンジニアリングの新人研修", 翔泳社, 2009.

[50] 鶴保征城, 駒谷昇一, "ずっと受けたかったソフトウェアエンジニアリングの授業1", 翔泳社, 2006.

[51] 鶴保征城, 駒谷昇一, "ずっと受けたかったソフトウェアエンジニアリングの授業2", 翔泳社, 2006.

[52] Jef Raskin, "The Humane Interface: New Directions for Designing Interactive Systems", Adison-Wesley, 2000.（日本語訳：村上雅章 訳, "ヒューメイン・インタフェース：人にやさしいシステムへの新たな設計", ピアソン・エデュケーション, 2001.）

[53] NTT サイバーソリューション研究所, "ユーザが感じる品質基準 QoE", 東京電機大学出版局, 2009.

[54] 田中清, 中村無心, 鈴木健也, 竹上慶, "Web ベースサイネージの標準化動向", NTT 技術ジャーナル, Vol.15, No.6, pp.56-59, 2017.

[55] Gene Amdahl, "Validity of the Single Processor Approach to Achieving Large-Scale Computing Capabilities", AFIPS Conference Proceedings Vol.30, pp.483-485, 1967.

問題の解答

問題 1-1

例えば、いわゆる白物家電にはコンピュータが搭載されているものが増えています。洗濯機では投入された衣類の重さに応じて洗剤の量を計測したり、洗い方を変えたりする機能がソフトウェアで実現されています。

問題 2-1

(1) 01000000　40

(2) 10001101　8D

問題 2-2

(1) 11111000

(2) 10000001

問題 2-3

(1) 11111011

(2) 01010000

問題 2-4

(1) 92 を 2 進数で表現すると 01011100 なので、2 の補数表現で−92 を表すと 10100100 である。4 で割るので 2 ビット右へシフトし、空いた上位ビットに符号ビット 1 を挿入して 11101001 となる。

(2) 13 は 2 進数で 00001101 なので、−13 は 11110011 となる。$6 = 2^2 + 2^1$ なので、符号ビットを残して 2 ビット左へシフトした 11001100 と 1 ビット左へシフトした 11100110 を足して 10110010 となる。

問題 2-5

(1) 10000110

(2) 00000011

問題 2-6

-30.5 を 2 進数で表すと、$-11110.1 = -1.11101 \times 2^4$ となり、

> 符号部：1
>
> 指数部：$4 + 127 = 131$、2 進数で表現すると 10000011
>
> 仮数部：11101

なので、

> 1 10000011 11101000000000000000000

問題 2-7

幅 1920 ピクセル、高さ 1080 ピクセルの 256 階調（8 ビット）のグレースケール画像のデータ量は

$$1920 \times 1080 \times 8\text{bit} = 16,588,800\text{bit} = 2,073,600\text{B} \cong 1.98\text{MiB}$$

カラー画像の場合は、RGB それぞれを 8 ビットで量子化するので、

$$1920 \times 1080 \times 8\text{bit} \times 3 = 49,766,400\text{bit} = 6,220,800\text{B} \cong 5.93\text{MiB}$$

問題 2-8

100MB の画像が 50MB になったので、$50\text{MB} \div 100\text{MB} = 0.5 = 50\%$

問題 3-1

答　エ

ア　ソースコードを公開する範囲を特定の業界に限定してはいけない。

イ　同じライセンスを適用して配布する必要は必ずしもない。

ウ　再配布時に第三者に対してライセンス費を請求してはいけない。

問題 4-1

答　ウ

全体を示すと次の図のようになる。グレーの範囲と同じ図が答え。

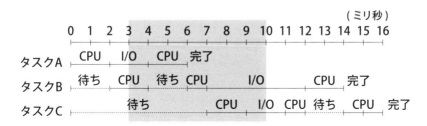

問題 4-2

答　イ

FIFO では 3 回、LRU では 6 回のページ置き換えが発生。

問題 5-1

バイトコードの行数を x とすると、下図を参照してインタプリタ方式での実行時間は $2 \times 10^{-3} x$ 秒、コンパイラ方式での実行時間は $1.03 \times 10^{-3} x + 0.15$ 秒となる。

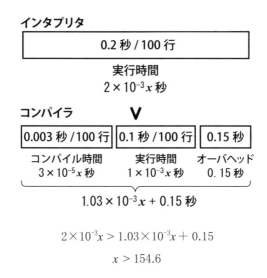

$$2 \times 10^{-3} x > 1.03 \times 10^{-3} x + 0.15$$

$$x > 154.6$$

よって、155 行以上。

問題 6-1

スタックに入力される順は、A、C、K、S、T なので、以下のように 3 つのスタックを用いると S、T、A、C、K の順に取り出せる。

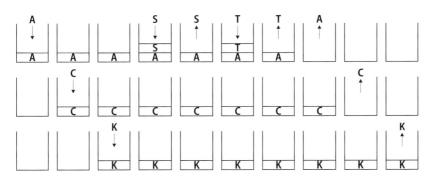

問題 6-2

手続きの順に操作すると、x に代入されるのは b。

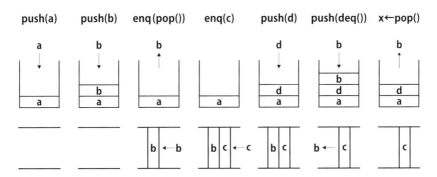

問題 6-3

答 ウ

社員 A の次ポインタ（a）を社員 G の 400 に変更し、社員 G の前ポインタを社員 A の 100 にすることで、社員 A の次に社員 G が置かれる。また社員 K の前ポインタ（f）を社員 G の 400 に向け、社員 G の次ポインタを社員 K の 300 とすることで、社員 K の前に社員 G が置かれる。以上より、操作したのは a と f。

問題 6-4

答　イ

問題 6-5

mod(5＋4＋3＋2＋1, 13)＝mod(15, 13)＝2 だから、位置 2 に入る。

問題 6-6

答　エ

問題 7-1

答　ア

イ　コーディング（製造）より要求定義の方が前の工程なので、修復コストは要求定義の方が高い。

ウ　テストケースは試験工程で作成される。外部設計の方が前の工程のため、修復コストが高いのは外部設計の誤り。

エ　内部設計はコーディング（製造）よりも前の工程なので、修復コストは高い。

問題 7-2

答　ウ

ア　チェックボックス

イ　コンボボックス

エ　セレクトボックス

問題 8-1

このプロセッサ（CPU）で 1 秒間に実行できるステップ数は

$$200\text{MIPS}\times80\% = 160\text{M ステップ/s}$$

トランザクション処理能力は

$$160\text{M ステップ/s}\div80\text{ 万ステップ/件} = 200\text{ 件/s}$$

問題 8-2

CPI は命令を実行するのにかかる CPU のサイクル（クロック数）のことであり、1,000,000 命令を実行するときに必要なクロック数は、

$$1,000,000 \times (3 \times 20\% + 5 \times 20\% + 2 \times 60\%) = 2.8 \times 10^6$$

なので、1GHz のプロセッサで実行すると

$$2.8 \times 10^6 \div 1GHz = 2.8 \times 10^{-3}s = 2.8ms$$

問題 8-3

1 命令を実行するのにかかる平均クロック数は

$$4 \times 30\% + 8 \times 60\% + 10 \times 10\% = 7$$

700MHz の CPU で実行できる 1 秒あたりの命令数は

$$700MHz \div 7 = 100M \text{ 件}$$

つまり、この CPU の性能は 100MIPS である。

問題 8-4

式(8-4)を用いて、

$$\text{Speedup} = \frac{1}{0.5 + \dfrac{0.5}{4}} = 1.6$$

問題 8-5

MTBF は式(8-5)を用いて、

$$\text{MTBF} = \frac{99 + 199 + 98 + 98 + 199 + 198}{6} = 148.5$$

MTTR は式(8-7)を用いて、

$$\text{MTTR} = \frac{1 + 1 + 2 + 2 + 1 + 2}{6} = 1.5$$

よって稼働率 R は式(8-8)を用いて、

$$R = \frac{148.5}{148.5 + 1.5} = 0.99$$

問題 8-6

答　エ

クライアント 3 台とプリンタ 2 台はそれぞれ並列接続システムとみなせる。また、クライアントとサーバとプリンタで直列接続システムを構成する。従って並列接続システム部分の稼働率を求めるとクライアント部分は$(1-(1-b)^3)$、プリンタ部分は$(1-(1-c)^2)$となり、サーバ部分と組み合わせた直列接続システムでの稼働率は$a(1-(1-b)^3)(1-(1-c)^2)$となる。

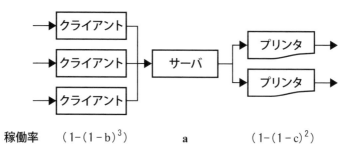

稼働率　　　$(1-(1-b)^3)$　　　　a　　　　$(1-(1-c)^2)$

索 引

さ

ま

著者紹介

田中　清（たなか　きよし）

　大妻女子大学社会情報学部　准教授
　博士（工学）　（大阪大学）

2023 年 9 月 7 日　　　　　　　　　初版　第 1 刷発行

ソフトウェア技術の基礎
― ソフトウェアを理解する ―

著　者　　田中　清　©2023
発行者　　橋本豪夫
発行所　　ムイスリ出版株式会社

〒169-0075
東京都新宿区高田馬場 4-2-9
Tel.(03)3362-9241(代表)　Fax.(03)3362-9145　振替 00110-2-102907

カット：山手澄香　　　　　　　ISBN978-4-89641-322-9　C3055